Die Wellentelegraphie und Wellentelephonie

Lehrbuch

für

Real-, Mittel-, Fortbildungs- und Berufsschulen sowie verwandte Lehranstalten

von

M. G. Weinholz

Mit 116 Figuren im Text und 4 farbigen Tafeln

Berlin und Leipzig 1926

Walter de Gruyter & Co.

vormals G. J. Göschen'sche Verlagshandlung / J. Guttentag, Verlagsbuchhandlung / Georg Reimer / Karl J. Trübner / Veit & Comp.

Druck von Walter de Gruyter & Co., Berlin W 10.

Herrn

Oberregierungsrat Buth

in Breslau,

meinem hochverehrten ehemaligen Lehrer,

in dankbarster Verehrung

zugeeignet

Vorwort.

Wenn man die in den letzten Jahren erschienenen zahlreichen Bücher über die Funktechnik betrachtet, so könnte man leicht zu der Ansicht gelangen, daß es hieße »Eulen nach Athen tragen«, wenn man den vorhandenen Schatz noch vermehren wollte.

Das vorliegende Büchlein ist jedoch während der praktischen pädagogischen Arbeit in den Funklehrgängen der Berufsschule entstanden und hat infolgedessen auch einen anderen Charakter als die bereits vorhandenen Schriften.

Es verfolgt das Ziel, den Schülern der auf dem Titelblatt bezeichneten Lehranstalten, sowie solchen der gewerblichen und kaufmännischen Berufe während ihrer Lehrzeit die notwendigen Kenntnisse der Funktechnik vermitteln zu helfen und Anregungen für den Selbstbau von Empfangsapparaten zu geben. Eine Beschreibung der hierbei zu verwendenden Werkzeuge ist unterblieben und soll praktischen Lehrgängen vorbehalten sein.

Mit besonderer Sorgfalt wurden die Abbildungen hergestellt, die auch in entsprechender Größe vom Verfasser selbst für den Unterricht angefertigt worden sind.

Dem Zweck des Buches würde es nicht entsprechen, wenn versucht worden wäre, alle schier unbegrenzten Gebiete erschöpfend zu behandeln. Vielmehr mußte durchweg nur das Prinzip der Kürze und Klarheit maßgebend sein.

An dieser Stelle sei auch Herrn Direktor Dr. Strathmann in Berlin-Neukölln für die bereitwillige tatkräftige Unterstützung, Herrn Kommerzienrat A. Rauh der Birgfeld-Aktiengesellschaft, sowie den Herren Dr. Nickel und Diplom-Ingenieur O. Cracoanu in Berlin für die Überlassung wertvollen Versuchsmaterials der aufrichtigste Dank ausgesprochen.

Wenn es dem vorliegenden Büchlein gelänge, das Interesse der deutschen schaffenden Jugend für die große Zukunft der Funktechnik zu wecken und anzuregen, dann wäre sein Zweck erreicht.

Berlin, im Oktober 1925.

Der Verfasser.

Inhaltsverzeichnis.

Anhang.

Farbige Tafeln:

Zeichenerklärung.

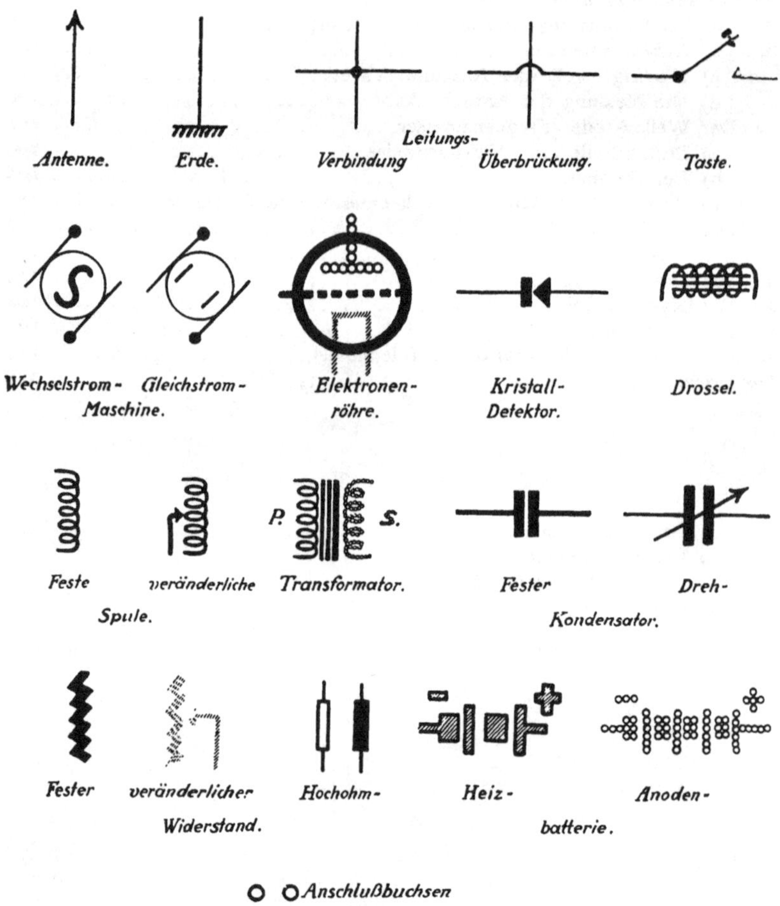

Einführung in das Verständnis der Wellentelegraphie und -telephonie.

1. Das Wesen der drahtlosen Telegraphie.

Die drahtlose Telegraphie trägt ihre Bezeichnung teilweise zu unrecht, ist doch unser erster Kauf zur Einrichtung einer Empfangsanlage eine mehr oder weniger große Menge Draht. [Luftleiter, Spulen, Erde.] Denken wir ferner noch an die gewaltigen Luftdrahtanlagen von Nauen, Königswusterhausen und anderen Großstationen, wo noch viele km Draht zur Anwendung kommen, so müssen wir zugeben, daß die Bezeichnung „drahtlos" so lange nicht zutrifft, bis diese gewaltigen Antennenanlagen zu mindestens ähnlichen Gebilden zusammenschrumpfen wie sie uns zum Empfang dienen.

Ebensowenig kann man heute noch von einer Funktelegraphie reden, da doch der Funke fast aus dem ganzen Bereiche der Funkstationen bis auf vereinzelte Schiffssender beseitigt ist. Am allerwenigsten trifft der Ausdruck Telegraphie = Fernschreiber zu.

Die angeführten Bezeichnungen haben sich aber trotz ihrer Unrichtigkeit für die Gesamtheit der Technik so eingebürgert, daß sie kaum aus dem deutschen Wörterbuch werden entfernt werden können, zumal sich schwer ein zutreffenderer Name für die drahtlose Kunst finden lassen würde.

Wir haben es bei der drahtlosen Telegraphie ebenso wie bei der gewöhnlichen mit einem Sender und Empfänger zu tun. Telegraphieren bedeutet im physikalischen Sinn nichts anderes, als Übertragung der elektrischen Energie von einem Ort zum andern. Eine Kraftquelle als Sender übt im Empfänger seine Wirkung. So läßt der übermittelte Strom in einem weit entfernten Morse-Schreiber zwei mit Draht umwickelte Weicheisenstücke magnetisch werden, die den Hebel mit dem Schreibstift anziehen. Während aber bei der gewöhnlichen Telegraphie der Draht zur Übertragung der gesendeten elektrischen Energie dient, haben wir jetzt zu untersuchen, auf welche Weise dies bei der drahtlosen geschieht.

2. Die Übertragung der elektrischen Energie ohne Draht.

Verschiedene Punkte der Erdoberfläche sind stets auf doppelte Weise miteinander verbunden: durch Erdboden und Luftmantel. Es gilt nun festzustellen, ob wir in diesen Dingen ein Mittel zur Übertragung von Energie in weite Fernen vor uns haben.

Der Ruf des menschlichen Mundes verhallt schon in kurzer Entfernung. Der ziemlich starke Ton einer Kirchenglocke verbreitet sich nicht einmal über einen Stadtteil Berlins. Selbst der Donner, die gewaltigste Lufterschütterung, ist schon in 25 km Entfernung nicht mehr hörbar. Das Krachen der größten Geschütze im Weltkrieg hat zwar 150 km überwunden. Eine solche Leistung kann aber immer noch nicht als Fernwirkung angesehen werden.

Wir erkennen daraus, daß die Luft nicht als Energieüberträger der drahtlosen Telegraphie in Frage kommt.

Wie steht es nun mit dem Erdboden? Seine Fügung ist dichter als Luft, pflanzt also auch Erschütterungen besser fort als diese. So wurden auch die Fernbeben Japans in Potsdam durch die erdmagnetischen Beobachtungsvorrichtungen tatsächlich aufgezeichnet. Doch solche gewaltigen Erdstöße können wir nicht entfernt nachahmen. Die Erschütterungen, welche auf holperigem Pflaster durch ein schweres Lastauto oder dergl. hervorgerufen werden, sind gerade noch in den angrenzenden Häusern der durchfahrenen Straße wahrzunehmen.

Demnach kommt also der Erdboden auch nicht für unsere Zwecke in Frage.

Denken wir uns nun einmal zwischen zwei verschiedenen Punkten die soeben besprochenen Verbindungen Erdboden und Luftmantel fort, so bleibt zwischen ihnen nur das Nichts.

Um gerade dieses Nichts kennen zu lernen, wollen wir im Geiste einmal mit einem kräftigen Satz von der Erde abspringen. Unsere Erdkugel braust mit ihrer Lufthülle weiter durch den Weltenraum. In etwas mehr als einer Sekunde sind wir hinter ihr und der gesamten Atmosphäre zurückgeblieben. Zwar ist das Blau des Himmels verschwunden, aber der Glanz der Sonne erstrahlt uns heller als vorher, und von dem völlig schwarzen Hintergrund leuchten die Sterne zu uns hernieder.

Es wird jedem sofort einleuchten, daß ein Zusammenhang bestehen muß zwischen dem Verschwinden der Atmosphäre und der Bläue des Himmels. Die Luft in Verbindung mit Staub und Wassertröpfchen zerstreut das zur Erde fallende Sonnenlicht und filtriert gleich einem photographischen Farbfilter aus der Gesamtheit der Farben den blauen Anteil heraus. Dieses helle Blau überstrahlt den schwachen Schimmer der Sterne. Im luftleeren Raume fällt aber jede Zerstreuung und Filterung der Sonnenstrahlen fort, so daß der ganze Himmel selbst um die Sonne herum schwarz erscheint und die Sterne im hellsten Sonnenschein sichtbar bleiben.

Wenn aber Licht in unser Auge gelangt, muß in dem von uns bezeichneten scheinbaren Nichts eine uns unbekannte Verbindung zwischen uns und den Himmelskörpern vorhanden sein.

Wir fragen uns nur, welcher Natur diese ist. Wäre sie etwas Stoffliches, so müßte z. B. ein längere Zeit von der Sonne bestrahltes und stark erwärmtes Kleidungsstück nach Aufnahme der vielen Licht- und Wärmeteilchen schwerer als vorher sein. Dies wird jedoch niemals eintreten. Die Wissenschaft nimmt daher an, daß in dem uns völlig leer erscheinenden Weltenraum die Verbindung durch den Welt- oder Lichtäther hergestellt wird, der für unsere groben und mangelhaften Sinne nur leider nicht wahrnehmbar ist.

Dieser Äther ist im Gegensatz zu Luft und Erdboden tatsächlich imstande, Energie weithin zu übertragen. Sehen wir doch allnächtlich auch die Sterne, die so weit entfernt sind, daß ihr Licht hunderte von Jahren braucht, um durch den Weltenraum zu uns zu gelangen.

Wir haben uns nun zu fragen, in welcher Weise im Äther die Übertragung der Energie vor sich geht.

Unser Auge hat eine Lichtempfindung, wenn es von den Erschütterungen oder Schwingungen des Äthers getroffen wird.

Werfen wir ein Steinchen in einen Teich mit ganz ruhiger Oberfläche, so können wir uns am besten darüber unterrichten, was der physikalische Ausdruck „Schwingung" bedeutet. Wir sehen um den Einfallspunkt kreisförmige Wellen, die in stets gleichem Abstand fortschreiten, selbst wenn die Bewegung in der Mitte bereits nachgelassen oder aufgehört hat.

Durch ausgelegte Korkstückchen kann man sich überzeugen, daß die Wasserteilchen von der Einwurfsstelle aus keineswegs eine Reise unternehmen, da diese sonst fortgeführt würden. Vielmehr bleibt jedes Tröpfchen an seinem Platze und führt nur kleine Bewegungen nach oben und unten aus.

Das Gewicht des eingeworfenen Steines drückt eine Wassersäule nieder. Diese verdrängte, nicht etwa zusammengedrückte Säule bildet sich im Umkreise zu einer Erhöhung aus durch Anstoßen der benachbarten Wasserteilchen. Diese bleibt jedoch

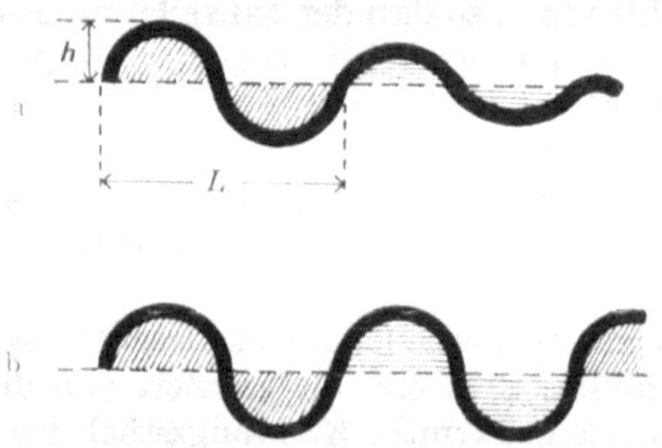

Fig. 1. a) gedämpfter Wellenzug. h = Amplitude, L = Wellenlänge.
b) ungedämpfter Wellenzug.

nicht bestehen, sondern sinkt infolge der innewohnenden lebendigen Kraft tiefer als bis zur glatten Oberfläche hinunter. Dadurch wird eine neue kreisförmige Erhebung emporgedrückt. So schreitet der Vorgang fort, wobei jedes Wasserteilchen nur eine senkrechte Bewegung ausführt. Es entsteht neben Wellental ein Wellenberg, der infolge der inneren gegenseitigen Reibung oder Dämpfung der Wasserteilchen immer weniger hoch wird, aber gleichen Abstand bewahrt, bis die Bewegung endlich ganz aufhört.

Denken wir uns die Wassermasse des Teiches senkrecht durchschnitten, so erhalten wir eine Wellenlinie, die uns die Fortbewegung der Schwingung veranschaulicht. Die Höhe des Wellenberges bis zur glatten Oberfläche heißt Amplitude, die Strecke, nach welcher sich die gleiche Bewegung zu wiederholen beginnt, Wellenlänge. Diese bleibt unveränderlich, während sich die Amplitude verringert. Wir haben einen abklingenden oder gedämpften Wellenzug.

Im Gegensatz dazu steht der ungedämpfte Schwingungsvorgang, bei dem nicht nur die Wellenlänge, sondern auch die Amplitude stets gleich bleibt.

In derartige Schwingungen kann auch der Äther versetzt werden. Die Fortpflanzung der Ätherbewegungen geschieht mit ungeheurer Geschwindigkeit. In einer Sekunde überträgt sich die Schwingung auf eine Entfernung von 300 000 km, d. h., die 40 070 km des Erdumfangs am Äquator werden 7½ mal zurückgelegt.

Nur solche Ätherschwingungen, deren Wellenlängen zwischen 800 und 400 Milliontel mm liegen, nehmen wir als Licht wahr. [800 = rot, 500 = blau, 400 = violett, weiß = Mischung von 800—400.] Zerlegen wir einen Lichtstrahl durch ein Dreieckglas, so werden die verschiedenen Wellenlängen getrennt, weil es diese in verschiedenen Winkeln fortbricht. Nun sehen wir eine Farbenleiter, das Spektrum, vor uns, die vom Rot über Gelb und Blau zum Violett führt. Jenseits dieser äußersten Grenzen kann unser Auge nichts mehr wahrnehmen. Tatsächlich geht aber die Farbenleiter beiderseits weiter. So finden wir hinter dem Violett die noch kurzwelligeren ultra-violetten Strahlen, die in der Medizin als Höhensonne und bei der Photographie die starken chemischen Wirkungen ausüben. Die kürzesten, bis jetzt bekannten Wellenlängen weisen die Röntgen-Strahlen auf. Nach der andern Seite über Rot hinaus werden die Wellen länger. Wir finden zuerst die Wärmestrahlen, die zwar nicht vom Auge, aber von der Körperhaut wahrgenommen werden können, dann erst folgen mit noch längeren Wellen die elektrischen Schwingungen. Wir erkennen daraus den schwesterlichen Zusammenhang von Licht und Elektrizität und werden uns nun nicht mehr wundern, daß beide sich mit gleicher Geschwindigkeit fortpflanzen, wie schon erwähnt, 300 000 km in der Sekunde.

Es ist auch nicht schwer, den Äther in solche Schwingungen zu versetzen. Das älteste Mittel ist der elektrische Funke. Bei genügend vorhandener Energie ist es möglich, dessen Schwingungen über viele 1000 km hinauszutreiben.

Der Äther ist also eine ungeheuer geräumige überall vorhandene Bahn, über welche Energie fortgeleitet werden kann. Den langen elektrischen Ätherwellen kommt noch der Vorteil zugute, daß sie weniger als das kurzwellige Licht gegen Aufzehrung gefeit sind und sogar feste Körper zu durchdringen vermögen. Trotzdem erfordert die drahtlose Telegraphie schon für verhältnismäßig kurze Raumüberbrückungen eine sehr kräftige Sendeenergie, von der an der Empfangsstelle nur ein winziger Teil anlangt.

Der Untersuchung und Feststellung der Gründe für diese Zersplitterung oder Zerstäubung diene der folgende Abschnitt.

3. Die Zerstäubung der Wellenenergie.

Denken wir uns einen Sender inmitten zweier riesiger Glaskugeln, deren größere doppelten Radius hat. Die nach allen Richtungen hin strahlenförmig angestoßenen Ätherwellen, welche eine Kreisfläche, die man sich auf der äußeren Kugelschale abgegrenzt denkt, treffen, stehen auch der viel kleineren Fläche auf der inneren Kugelschale zur Verfügung. Mit jeder weiteren Ausbreitung der Energie findet also eine Zerstreuung oder Zerstäubung statt.

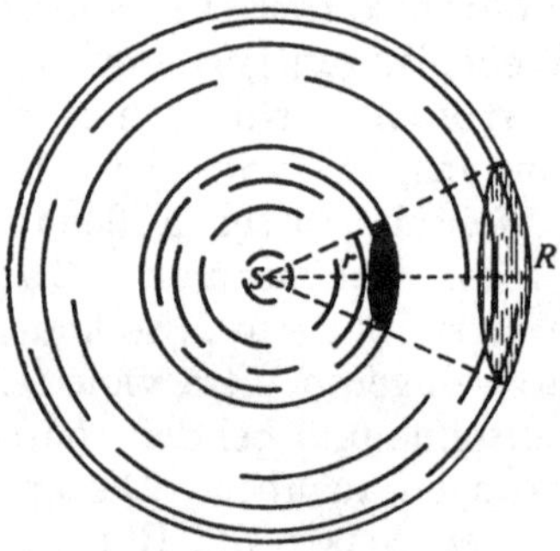

Fig. 2. Bei doppelter Entfernung vom Sender nur 1/4 Wellenenergie.

Die Inhalte der beiden Kreisflächen verhalten sich aber wie die Quadrate ihrer Radien mal der Zahl π [Pi]. Die Größe der inneren Fläche beträgt demnach $r^2 . \pi$, die der äußeren $R^2 . \pi$. Nimmt man $r = 4$ km an, R doppelt $= 8$ km, so verhalten sich diese Flächen wie $(4 . 4) : (8 . 8) = 16 : 64$.

Da sich auf jede dieser verschieden großen Flächen die gleiche Energiemenge verteilt, so kommt auf jedes Einheitsteilchen des äußeren Kreises nicht etwa die Hälfte, sondern nur ein Viertel der elektrischen Wellen im Vergleich zur inneren Fläche.

Die Wellenenergie nimmt also im Quadrat der Entfernung ab. Ein Empfänger 25 km vom Sender erhält also nur den 625sten Teil der elektrischen Energie, die einem solchen in 1 km Entfernung zur Verfügung steht.

Außer dieser Energieabnahme unterliegen die Wellen noch anderen feindseligen Einflüssen.

In welcher Weise das Licht stört, zeigen die Beobachtungen, welche von der Gesellschaft für drahtlose Telegraphie während der Sonnenfinsternis am 17. 4. 1912 angestellt worden sind. Die Station Norddeich in 450 km Entfernung sandte ständig Wellen, die ziemlich bedeutenden Schwankungen betreffs ihrer Empfangsstärke unterworfen waren. Diese wuchs mit zunehmender Verfinsterung und erreichte im Augenblick der größten Sonnenbedeckung ihren Höhepunkt, etwa zwölffache Stärke. In den Nachtstunden ist nicht selten ein etwa 100 mal kräftigerer Empfang bei gleichem Abstand vom Sender, bzw. eine bedeutend größere Reichweite festgestellt worden.

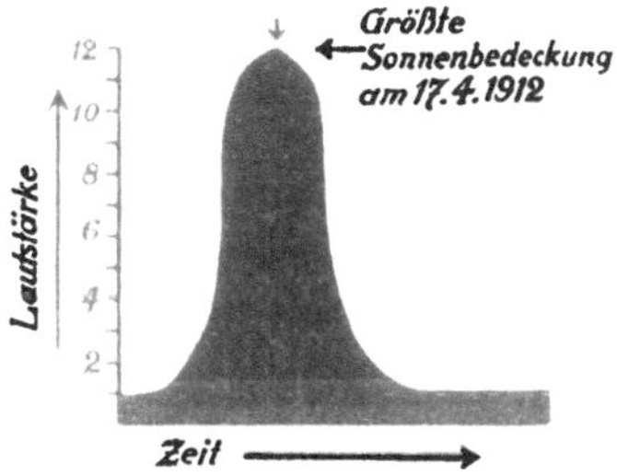

Fig. 3. Empfangslautstärke während der Sonnenfinsternis am 17. 4. 1912.

Diese Beeinflussung des Äthers beruht auf den von dem Sonnenlicht ausgehenden kurzwelligen ultravioletten Strahlen, die unsern Sehnerv nur nicht zu erregen vermögen. Sie haben die Fähigkeit, die winzigsten Luftteilchen oder Moleküle zu spalten.

Diese Moleküle sind zwar elektrisch nicht ungeladen, zeigen aber dennoch keinen elektrischen Einfluß nach außen hin, weil sich ihre positiven und negativen Ladungen im Gleichgewicht halten. Die ultravioletten Wellen, welche man mit messerscharfen Meißeln vergleichen könnte, spalten Teile der negativen Ladung ab und machen die Moleküle, die wir jetzt als Ionen bezeichnen, positiv elektrisch. Während die neutral scheinenden Luftmoleküle die elektrischen Wellen ungehindert hindurchlassen, heften sich die Ionen streckenweise an diese an. Man könnte sich den Gang der Wellen in neutraler und ionisierter Luft an dem ungehinderten Lauf einer Kugel auf einer Marmorplatte und dem sehr behinderten Rollen über klebriges Papier klarmachen. Die Kraft, welche die Kugel für das sich immer wiederholende Anheben des Papiers abgeben muß, bringt sie viel früher zum Stillstande. Aus der den Ätherwellen in ionisierter Luft entzogenen Kraft bildet sich die Erwärmung. Da bei eintretender Dunkelheit keine ultraviolette Ausstrahlung mehr stattfindet, geht die Ionisation der Luft sehr schnell zurück, wodurch auch die Reichweiten bzw. Lautstärken bedeutend anwachsen.

Diese besprochenen Vorgänge ereignen sich vornehmlich in den oberen, stark erwärmten Luftschichten. Mit Eintritt der Dämmerung sinken diese herab und bewirken hier mitunter eine starke Zerstreuung der Energie, wodurch der Empfang, anstatt an Reichweite zuzunehmen, empfindlich beeinträchtigt wird.

Auch in den chemisch nicht mehr zerlegbaren Teilen des Wasserstoffs und Sauerstoffs, den Atomen dieser beiden wichtigen Gase des Luftmeeres, tritt uns eine neue wunderbare Welt entgegen. Um jeden einzelnen positiv geladenen Atomkern kreisen, gleich den Planeten um die Sonne, negative Elektrizitätsteilchen oder Elektronen. Solange diese mit dem Kern im elektrischen Gleichgewicht stehen, erscheinen sie neutral oder scheinbar unelektrisch. Verändert sich aber dieses Verhältnis durch Sonnenbestrahlung, Winde und Wolkenzug, so erscheinen auch die Atome mehr oder weniger positiv bzw. negativ geladen oder ionisiert. So entstehen die elektrischen Spannungen zwischen den verschiedenen Luftschichten, die sich durch Kratzen und Prasseln im Empfänger störend bemerkbar machen, falls sich die beschriebenen Vorgänge in der Nähe abspielen.

Wir wenden nun unsere Aufmerksamkeit der unmittelbaren Erdoberfläche zu. Stellen sich hier den elektrischen Wellen gute Leiter quer in den Weg, so nehmen sie ihnen Kraft zu eigener Stromerzeugung fort, erstrecken sie sich dagegen in der Wegrichtung, so wirken sie als Gleitbahn wie die Eisenbahnschienen für die Räder des Zuges. Das gleiche gilt in erhöhtem Maße von der Oberfläche großer Ströme. So wurde beobachtet, daß sich auf einem Schiff der Empfang von Norddeich um das Zehn- bis Hundertfache verstärkte, solange es die Rhônemündung überquerte. Ähnliche Wahrnehmungen sind in Südamerika längs des Amazonenstromes gemacht worden.

Gewaltige Wassermassen halten also die elektrische Energie zusammen, während ausgedehnte Waldungen zu ihren schlimmsten Feinden gehören. Aus diesen Gründen baut man Großfunkstationen mit Vorliebe an Meeresküsten, mitten im Lande aber meist da, wo der Grundwasserspiegel in geringer Tiefe erreicht wird.

Hügel und Berge, und selbst deren geologische Zusammensetzung, sind von nicht zu unterschätzendem Einfluß auf den Wellenweg vom Sender zum Empfänger, wie die folgenden Bilder erläutern sollen.

Hieraus ist ersichtlich, wie schmale Erhebungen nichtleitender Erde den Ätherbewegungen kein Hindernis bieten, vielmehr glatt durchzogen werden. Über Berge aus Kupfererzen gleiten die Wellen ungeschwächt hinweg.

Breitere Gebirgsmassen fangen die Wellen zwar ab, jedoch ohne sie aufzusaugen oder zu verschlucken, da sie von ihrer Richtung gebeugt, aber fast ungeschwächt am Gipfel der Gegenseite wieder heraustreten und in gewisser Entfernung ihre ursprüngliche Richtung wieder aufnehmen. Das Gebirge wirft also eine Strecke weit einen elektromagnetischen Schatten,

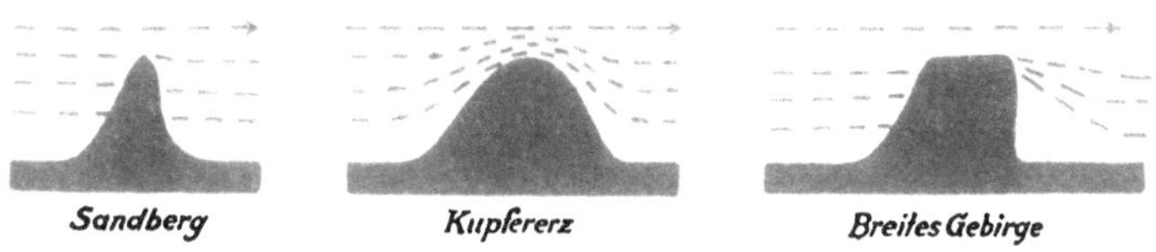

Fig. 4. Berge im Wellenweg.

dessen Länge sich natürlich nach den Ausdehnungen der ganzen Gebirgsmasse richtet. Schiffe längs der spanischen Westküste spüren z. B. deutlich den Schatten der Pyrenäen, die sogenannte »Zone des Schweigens« beim Empfang von Nauen, der sich erst in gewisser Entfernung in genügender Stärke wieder einstellt.

Trotz aller beschriebenen Hindernisse sind auf der Erde bereits alle Entfernungen drahtlos überbrückt. Sender im freien Äthermeere hätten völlig unbegrenzte Reichweiten, da hier keine Schwächung der Energie stattfindet.

Die von unsern Großstationen ausgehenden Wellen erreichen mit Sicherheit unsern Mond, dessen Entfernung (im Perigaeum = Erdnähe: 363300 km, im Apogaeum = Erdferne: 405500 km) ja nur rund die zehnfache Länge des Erdäquators (40070 km) beträgt, so daß an Zeit für diesen Weg nur etwas mehr als eine Sekunde nötig ist. Auch nach dem Mars müssen unsere Wellen mit genügender Stärke gelangen, da er nur eine sehr dünne Atmosphäre besitzt. Ein drahtloser Wechselverkehr würde aber nur dann möglich sein, wenn es dort Geschöpfe gäbe, welche die Sprache unserer ankommenden Wellen verstehen und Antwort geben könnten.

Haben wir nun die Ätherwellen auf ihren Wanderungen über die Erdkugel und ins Weltall hinein im Geiste begleitet, so empfinden wir das Bedürfnis, uns zur Quelle dieser wundersamen Erscheinung zu begeben, um zu lernen, wie die Schwingungen des Äthers hervorgerufen werden.

4. Die Elektrizität.

Wenn wir in dem elektrischen Funken heute zwar nicht mehr das einzige Mittel, wohl aber das erste und älteste haben, die den Weltenraum überbrückenden Ätherschwingungen hervorzurufen, so ist aber doch die Elektrizität selbst und der ihr verwandte Magnetismus als Kraftquelle hierfür bestehen geblieben.

Verschiedene Stoffe wie Hartgummi, Glas, Bernstein, Schwefel werden durch Reibung mit Seide oder Pelzwerk elektrisch, d. h. ihr Gleichgewichtsverhältnis zwischen positiven und negativen Elektronen wird gestört, so daß der vorher neutral erscheinende Glas- oder Hartgummistab Papierschnitzel oder Hollundermarkkügelchen anzieht. Je nach der Art des reibenden oder geriebenen Körpers werden negative Elektronen leicht abgegeben (Glas erscheint daher positiv), oder willig aufgenommen (Hartgummi erscheint negativ).

neutral, positiv, Glas. negativ, Hartgummi.

Fig. 5. Umwandlung neutraler Zustände in elektrische.

Der Untersuchung solcher elektrischer Zustände dient das Elektroskop, welches aus einer Glasflasche besteht, die mit einem Pfropfen möglichst luftdicht abgeschlossen ist.

Ein durch den Verschluß eingeführter Metallstab endigt oben in einer Kugel und trägt am unteren Ende zwei Goldblättchen. Bringt man einen positiv geladenen Glasstab in die Nähe der Kugel, so teilt sich die Ladung den Goldblättchen mit, indem ihnen auch negative Elektronen entzogen werden; sie erscheinen beide positiv und spreizen sich auseinander. Nähern wir nun einen negativ geladenen Hartgummistab, so werden ihnen die vorher entzogenen negativen Elektronen wieder zugeführt; sie erscheinen neutral und klappen zusammen. Es folgt daraus das wichtige Gesetz: Gleichartige Elektrizitäten stoßen sich ab, ungleichartige ziehen sich an und binden oder neutralisieren einander.

Bei der Berührung der Metallkugel des Elektroskops machten wir die Beobachtung, daß sich jedesmal der elektrische Zustand den Goldblättchen am unteren Ende mitteilte. Man sagt, der Strom wurde geleitet. Wenn man die Elektrizitätsbewegung in den verschiedenen Stoffen vergleicht, so zeigt sich hierin ein bemerkenswerter Unterschied. Alle Metalle setzen dem Strom nur wenig Widerstand entgegen, sie sind die eigentlichen Leiter der Elektrizität. Die Maßeinheit ist ein Ohm, das ist der Widerstand eines Quecksilberfadens von 106,3 cm Länge und 19 mm Querschnitt. Für die einzelnen Metalldrähte von 1 m Länge und 19 mm Querschnitt gelten folgende Werte (Materialkonstante): Silber 0,016, Kupfer 0,017, Aluminium 0,029, Eisen 0,09 bis 0,15, Nickelin 0,42, Konstantan 0,49 (Kohle 50). Man sieht daraus, daß Silber und Kupfer annähernd gleichwertig sind. Wegen der geringeren Leitfähigkeit rechnet man Eisen und die Legierungen (Metallmischungen), Nickelin und Konstantan sowie Kohle bereits zu den Halbleitern. Dazu gehören ferner: Meerwasser, feuchtes Erdreich, Salzlösungen und Säuren. Vollständige Nichtleiter, Isolatoren oder Dielektrika sind vor allem: Glas, Porzellan, Glimmer, Hartgummi, Pertinex, Fiber, Galalit und ähnliche künstliche Materialien.

Haben wir den Gleichgewichtszustand der elektrischen Kräfte bisher nur durch Reibung, also mechanisch, verändert und dadurch das Vorhandensein unsern Sinnen wahrnehmbar gemacht, so wollen wir nun auch die Erzeugung auf chemischem Wege kennen lernen.

Zu diesem Zwecke tauchen wir irgend ein Metall, z. B. Kupfer, in eine verdünnte Säure oder Salzlösung. Durch chemische Einwirkung entsteht in jedem Metall negative, in der Flüssigkeit dagegen stets positive Elektrizität, indem die negativen Elektronen der Flüssigkeit zum Metall abwandern und hier ihr negatives Übergewicht zur Geltung bringen, während die Flüssigkeit positiv elektrisch erscheint.

Verschiedene Metalle nehmen verschiedene Mengen negativer Elektronen auf, erscheinen also in verschiedenem Grade negativ elektrisch. Genaue Untersuchungen haben ergeben, daß Zink die meisten negativen Elektronen aufnehmen kann, Kupfer nur den zehnten Teil, und Kohle sogar die wenigsten.

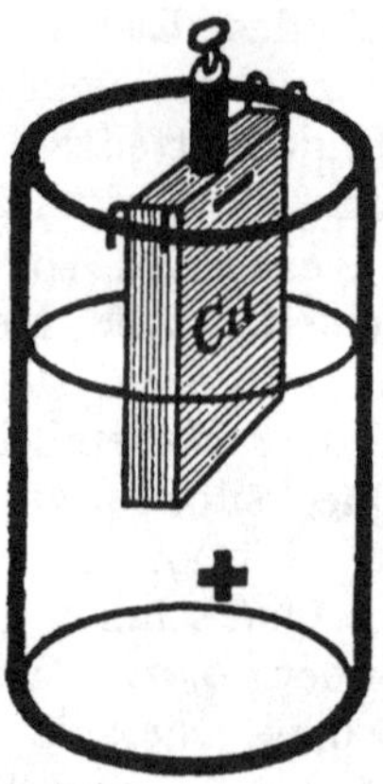

Fig. 6. Alle Metalle, einzeln in eine verdünnte Säure getaucht, werden negativ elektrisch; die Flüssigkeit stets positiv.

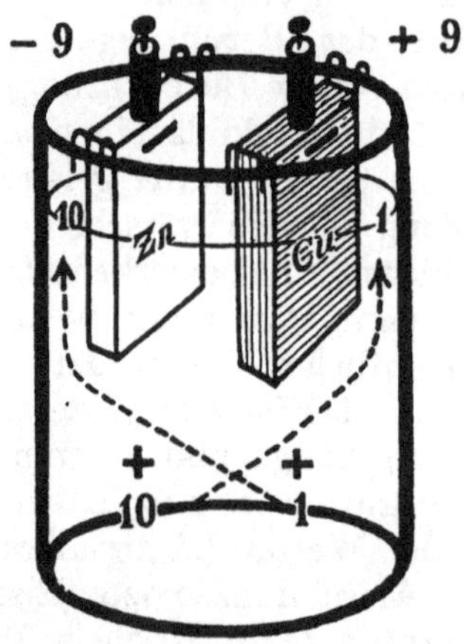

Fig. 7. Galvanisches Element. Zink kann 10 mal soviel negative Elektronen aufnehmen als Kupfer; letzteres erscheint daher positiv. Spannungsdifferenz = 18 Einheiten.

Tauchen wir nun zwei Metalle, Kupfer und Zink, gleichzeitig in die verdünnte Säure, so erscheint die Flüssigkeit unter dem Zink zehnmal so stark positiv elektrisch, als unter dem Kupfer, das Zink selbst zehnfach negativ gegenüber dem Kupfer.

Es beginnt daher sofort eine lebhafte Wanderung der positiven Ionen innerhalb der Flüssigkeit, und zwar vereinigen sich die 10 Einheiten unterhalb des Zinks mit der einen negativen im Kupfer, wodurch von den ankommenden 10 positiven Einheiten sofort eine neutralisiert oder gebunden wird, so daß jetzt das Kupfer mit 9 Einheiten positiv geladen erscheint, während dem Zink ebensoviel negative Einheiten verbleiben, da aus der Flüssigkeit unter dem Kupfer nur eine Einheit positiver Ionen vorhanden war, die von den 10 negativen Einheiten im Zink eine Einheit gebunden hat. Zwischen Kupfer und Zink besteht jetzt ein Unterschied von positiven und negativen Einheiten im Verhältnis von $+9 : -9$, d. h. eine Spannungsdifferenz von 18 Einheiten.

Die Kraft, die das Wandern der Elektronen, der kleinsten an nichts Stoffliches gebundenen Elektrizitätsteilchen, in den Metallen, und der Ionen, der kleinsten elektrischen Stoffteilchen, in der Flüssigkeit bewirkt, nennt man elektromotorische Kraft oder kurzweg: Spannung. Ihre Größe wird nach Volt gemessen.

Verbindet man nun die aus der Flüssigkeit herausstehenden Enden der Metalle, Pole genannt, durch einen leitenden Draht, so fließt ein elektrischer Strom, dessen Stärke oder Menge abhängig ist von der Größe der Spannung, der Leitfähigkeit des Drahtes, seiner Länge und seinem Querschnitt, ähnlich dem fließenden Wasser einer Leitung, dessen Wasserstrahl bei gleichbleibendem Druck ebenfalls von der Weite und Länge des Rohres, oder kurz gesagt, dem Widerstand, abhängig ist. Die Strommenge wird nach Ampère gemessen. 1 Ampère ist die Strommenge oder -stärke, die durch 1 Volt Spannung bei 1 Ohm Widerstand erzeugt wird, oder in einer Minute aus einer Kupfervitriollösung 19,8 mg Kupfer, oder aus einer Silberlösung 67 mg Silber ausscheidet. Je größer die Spannung und je geringer der Widerstand, um so größer ist die Strommenge oder -stärke.

Die Stromstärke ist also gleich der Spannung, geteilt durch den Widerstand: $\text{Ampère} = \frac{\text{Volt}}{\text{Ohm}}$, dann ist die Spannung gleich Stromstärke mal Widerstand, also:

$$\text{Volt} = \text{Ampère} \cdot \text{Ohm}$$

und der Widerstand gleich der Spannung geteilt durch die Stromstärke: $\text{Ohm} = \frac{\text{Volt}}{\text{Ampère}}$.

Wir wollen daran einige wichtige Berechnungen anknüpfen, die wir später notwendig brauchen.

Ein Element [Zusammenstellung von 2 Metallplatten in einer Säure] von 1,2 Volt hat einen inneren Widerstand von 0,3 Ohm und einen äußeren Widerstand der Leitung von 1,7 Ohm. Welcher Strom steht zur Verfügung?

Wir wenden die erste Formel an:

$$\text{Ampère} = \frac{\text{Volt}}{\text{Ohm}} = \frac{1{,}2}{0{,}3 + 1{,}7} = \frac{1{,}2}{2} = 0{,}6 \text{ Ampère.}$$

Welche Entladestromstärke entsteht, wenn ein Element von 1,2 Volt und 0,04 Ohm innerem Widerstand versehentlich durch einen starken Kupferdraht von 0,06 Ohm Leitungswiderstand kurz geschlossen wird, obwohl es nur mit 0,5 Ampère entladen werden darf.

$$\text{Ampère} = \frac{\text{Volt}}{\text{Ohm}} = \frac{1{,}2}{0{,}04 + 0{,}06} = \frac{1{,}2}{0{,}1} = 12 \text{ Ampère.}$$

Welche Spannung muß ein Element bei einem Widerstand der Leitung von 0,6 Ohm und einer Stromstärke von 2 Ampère haben?

Wir verwenden die Formel:

$$\text{Volt} = \text{Ampère} \cdot \text{Ohm} = 2 \cdot 0{,}6 = 1{,}2 \text{ Volt.}$$

Was für ein Widerstand muß in die Leitung gelegt werden, wenn bei einer Spannung von 1,2 Volt die Stromstärke 0,5 Ampère betragen darf?

Wir nehmen die letzte Formel:

$$\text{Ohm} = \frac{\text{Volt}}{\text{Ampère}} = \frac{1{,}2}{0{,}5} = \frac{12}{5} = 2{,}4 \text{ Ohm.}$$

Nach den ersten Beobachtungen des italienischen Arztes Ludwig Galvani, Professor der Anatomie in Bologna, am 6. 11. 1780, benannte man die chemische Art der Elektrizitätserzeugung Galvanismus oder Berührungselektrizität.

Die Zusammenstellung von 2 Metallplatten, Zink und Kupfer, oder eines Metalls (Zink) mit Kohle, Elektroden genannt, in einer Säure, heißt, wie schon bei den vorangegangenen Aufgaben gesagt wurde, ein galvanisches Element. Schaltet man mehrere Elemente zusammen, so erhält man eine galvanische Batterie. Will man hohe Spannung erzielen, so verbindet man den Pol des einen Elementes mit dem entgegengesetzten des nächsten. In diesem Falle wird die Stromstärke gering, weil auch der innere Widerstand wächst. Wir erhalten die Hintereinander- oder Reihenschaltung.

Soll die Stromstärke möglichst groß sein, so werden einerseits alle positiven Pole untereinander verbunden und andererseits alle negativen. Spannung und innerer Widerstand bleiben gering, die Stromstärke dagegen wächst. Wir haben in diesem Falle die Nebeneinander- oder Parallelschaltung angewendet.

Der Unterschied beider Schaltungsarten ergibt sich am deutlichsten aus praktischen Berechnungen.

Die Spannung eines Elements betrage 1,2 Volt, der innere Widerstand 0,04 Ohm, der Leitungswiderstand 0,02 Ohm. Dann berechnet sich die Stromstärke von 3 Elementen in

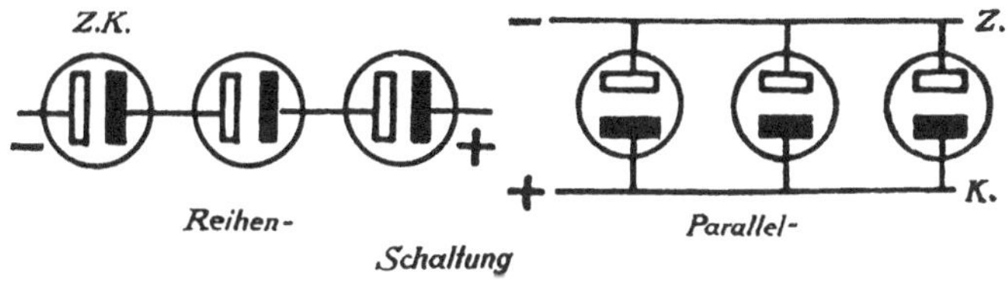

Fig. 8.

Reihenschaltung, wobei sich Spannung und innerer Widerstand verdreifachen, da der Strom nacheinander 3 Gefäße mit Flüssigkeit, also den dreifachen Weg zu durchlaufen hat:

$$\text{Ampère} = \frac{\text{Volt}}{\text{Ohm}} = \frac{1{,}2 \cdot 3}{0{,}04 \cdot 3 + 0{,}02} = \frac{1{,}2 \cdot 3}{0{,}12 + 0{,}02} = \frac{3{,}6}{0{,}14}$$

$$= \frac{360}{14} = 25{,}7 \text{ Ampère.}$$

Dieselben Elemente in Parallelschaltung behalten die einfache Spannung, haben aber nur den 3. Teil des inneren Widerstandes, da dem Strom der dreifache Raum geboten wird (für einen Wasserstrahl die dreifache Weite des Rohres), daher

$$\frac{1{,}2}{0{,}04 : 3 + 0{,}02} = \frac{1{,}2}{0{,}01 + 0{,}02} = \frac{1{,}2}{0{,}03} = \frac{120}{3} = 40 \text{ Ampère.}$$

Ist der Leitungswiderstand infolge eines langen dünnen Drahtes sehr groß, z. B. 1,04 Ohm, dann ergibt sich folgendes:

in Reihe:

$$\frac{1{,}2 \cdot 3}{0{,}04 \cdot 3 + 1{,}04} = \frac{3{,}6}{1{,}16} = \frac{360}{116} = 3^{3}/_{29} \text{ Ampère}$$

in Parallelschaltung:

$$\frac{1{,}2}{0{,}01 + 1{,}04} = \frac{1{,}2}{1{,}05} = \frac{120}{105} = 1^{1}/_{7} \text{ Ampère.}$$

Der elektrische Strom leistet bei Erwärmung des Glühfadens in der Lampe oder bei der chemischen Zersetzung von Flüssigkeiten Arbeit. Die Leistung des Stromes ist um so größer, je mehr Strom-Ampère in einer bestimmten Zeit durch den Leiter fließt und je höher die angelegte Spannung Volt ist. Die Stromleistung ist demnach gleich dem Produkt von Ampère · Volt, das Watt genannt wird. 1000 Watt sind ein Kilowatt.

Braucht eine Lampe 0,5 Ampère bei 220 Volt Spannung, so brennt sie mit 0,5 · 220 = 110 Watt und kostet bei einem Preise von 50 Pfennigen für die Kilowattstunde:

$$\frac{110 \cdot 50}{1000} = \frac{55}{10} = 5\tfrac{1}{2} \text{ Pfg. pro Stunde.}$$

Auch Widerstände können hintereinander und parallel geschaltet werden. Im ersten Falle müssen diese nacheinander durchflossen werden, so daß der Weg verlängert wird, also

Fig. 9. Serien = Hintereinanderschaltung von Widerständen.

auch der Widerstand wächst. Der Gesamtwiderstand ist daher gleich der Summe der Einzelwiderstände.

Anders verhält sich die Parallelschaltung. Dem Strom werden gleichzeitig mehrere Wege geboten, so daß der Querschnitt der Leitung vergrößert wird, wodurch der Widerstand

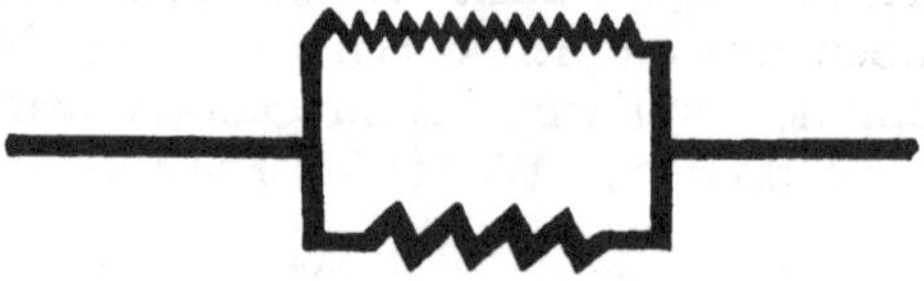

Fig. 10. Parallelschaltung.

geringer ist. Bei ungleichen Widerständen wählt der Strom natürlich den Weg über das kleinere Hindernis. Da ein Teil aber auch noch durch den größeren Widerstand fließt, so muß der Gesamtwiderstand beider kleiner sein als der kleinste Widerstand. Er berechnet sich demnach $\frac{W\,1 \cdot W\,2}{W\,1 + W\,2}$.

Setzen wir W 1 = 4 Ω (Ohm) und W 2 = 6 Ω, so ergibt sich die Rechnung $\frac{4 \cdot 6}{4 + 6} = \frac{24}{10} = 2{,}4\ \Omega$.

Handelt es sich darum, einen elektrischen Strom in weiten Grenzen fein zu regulieren, so kann dies am besten durch eine Spannungsteilung geschehen. Die Pole eines Elementes werden durch einen sehr hochohmigen Widerstand kurz geschlossen, dessen eines Ende gleichzeitig zum Stromverbraucher geführt wird, während man durch einen Gleitkontakt die Stromzufuhr reguliert. Je näher der Schieber dem festen Anschluß rechts steht, um so geringer wird die Stromabgabe, weil der Strom erst den ganzen Weg durch den hohen Widerstand zurücklegen muß, bevor er zum Verbrauch gelangt. Diese Anordnung wird als Potentiometerschaltung bezeichnet.

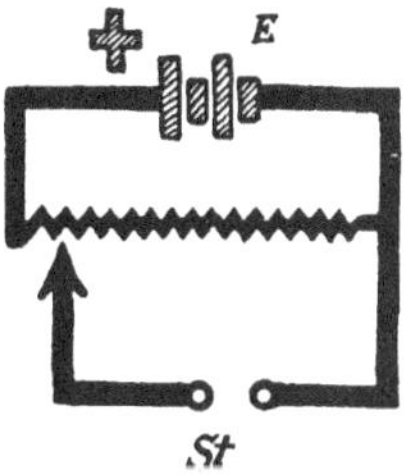

Fig. 11. Potentiometerschaltung. E = Element. St = Stromverbraucher.

Bevor wir unsere Betrachtungen, die zum Verständnis der Anwendung der galvanischen Elemente notwendig waren, abschließen, möge noch eines, besonders in der Telegraphie benutzten, Elementes von Meidinger gedacht werden, das einen zwar nicht sehr starken, aber äußerst konstanten Strom liefert. Es enthält in einem großen Glase ein kleines Gefäß mit einer Kupferelektrode in einer gesättigten Lösung von Kupfervitriol. Verbraucht sich beim Betrieb die Lösung, so sättigt sich diese selbsttätig aus einem mit gefüllten Kristallen aufgesetzten Ballon, dessen untere mit einem durchbohrten Korken versehene Öffnung in die Lösung eintaucht. Die Ableitung der Kupferelektrode ist mit Gummi isoliert nach oben geführt. Das größere Gefäß wird mit einer Bittersalzlösung gefüllt, in dem die negative Zinkelektrode hängt. Bewahrt man das Element vor Erschütterungen, dann vermengen sich auch beide Flüssigkeiten nicht, da das Kupfervitriol infolge seiner größeren Schwere am Boden lagert.

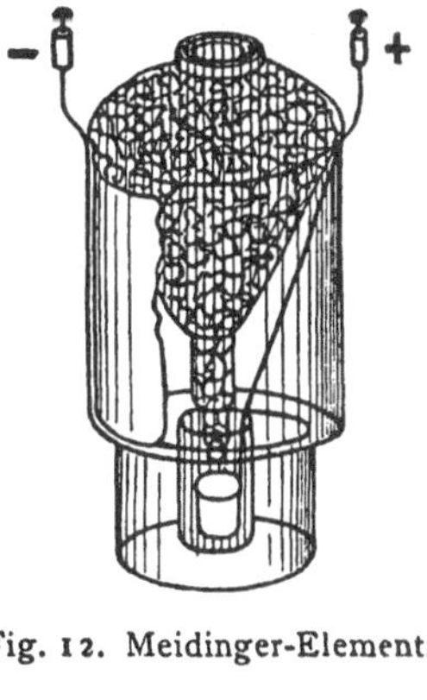

Fig. 12. Meidinger-Element.

Als weitere elektrische Energiequellen kommen für die drahtlose Telegraphie zunächst die Akkumulatoren oder Sammler in Betracht. Als solche bezeichnet man in der Elektrotechnik sekundäre Elemente, welche eine gewisse Menge elektrischer Energie einer Gleichstrom-Primärbatterie — in chemische Kraft umgesetzt — aufzuspeichern vermögen (also nicht selbst Strom erzeugen) und nach Tagen und Wochen solche wieder zum größten Teil in sehr beständiger Weise mit einem höchstens 10 prozentigen Spannungsabfall abzugeben vermögen. Eine Akkumulatorenzelle besteht aus einem Behälter, in dem sich je eine positive Elektrode zwischen zwei negativen in chemisch reiner verdünnter Schwefelsäure befinden.

Fig. 13. Eingebauter Akkumulator.

In der Hauptsache verwendet man zu Behältern eckige Glaskästen, weil solche billig und säurebeständig sind, den Einblick in das Innere und damit die leichtere Überwachung der Zellen gestatten. Gefäße aus Hartgummi finden nur da Verwendung, wo auf größere Widerstandsfähigkeit gegen äußere Einwirkungen Rücksicht genommen, auf möglichste Handlichkeit, geringstes Gewicht und Volumen gesehen werden muß. Behälter aus Zelluloid werden von der Säure angegriffen und sind zu verwerfen, weil durch die gelösten Stoffe die Platten verderben.

Wir machen uns mit dem Wesen des Akkumulators am besten vertraut, wenn wir seine Herstellung eingehend verfolgen. Wir beginnen mit dem Pastieren der Bleiplatten, die gitterartig gegossen werden, damit sie eine möglichst große Oberfläche bieten. Man reinigt sie sehr sorgfältig durch Abbürsten in heißem Kalkwasser und Spülen in heißem und dann in kaltem reinen Wasser. Zur Bereitung der Paste für die negativen Platten verwendet man nur chemisch reine Bleiglätte, zu der der positiven Platten nur chemisch reine Mennige, welche man mit unverdünnter oder mit verdünnter chemisch reiner Schwefelsäure von 25° Beaumé (= 1,21 spezifisches Gewicht) zu einem nicht zu steifen Brei anrührt und gut mit einer hölzernen Spachtel durcharbeitet. Die angeriebene Paste wird dann mit der Spachtel in die Gitter eingestrichen. Hierbei ist besonders darauf zu achten, daß alle Maschen vollständig ausgefüllt werden. Durch gutes Einspachteln erreicht man auch, daß die Masse in guten mechanischen Kontakt mit den Gittern kommt, was für die Güte der Platten von hohem Werte ist. Sollte während des Pastierens die Paste zu hart werden, so gibt man verdünnte Säure hinzu. Die fertigen Platten müssen glatte Flächen zeigen und sehr sorgfältig getrocknet werden.

Nach dem Trocknen ist es nötig, die Masse zu härten, damit sie beim Eintauchen in die Schwefelsäure nicht herausfällt. Zu diesem Zwecke packt man jede getrocknete Platte einzeln für sich in ein gut mit unverdünnter oder verdünnter Schwefelsäure von 25⁰ Beaumé = 1,21 spezifisches Gewicht getränktes Stück alter sauberer Leinwand fest ein. Die eingewickelten Platten läßt man übereinandergelegt etwa 24 Stunden liegen. Während dieser Zeit ist darauf zu achten, daß die Packung immer gut mit Säure angefeuchtet bleibt. Die Platten sind erst zur Formierung, Beschickung mit elektrischem Gleichstrom, fertig, wenn man sie in die Schwefelsäure eintauchen kann, ohne daß Masse herausfällt.

Zwecks Formierung stellt man die Platten in die für sie bestimmten Zellen, welche mit verdünnter Schwefelsäure von 21⁰ Bé = 1,17 spez. Gewicht derart angefüllt werden, daß die Elektroden 10 bis 15 cm unter der Oberfläche der Säure stehen. Es ist darauf zu achten, daß je eine positive Platte zwischen zwei negativen Platten sorgfältig isoliert wird. Stufen- und Rippengläser mit Nuten sind für diesen Zweck bestens zu empfehlen. Die Ableitungsfahnen der positiven Elektroden stellt man nach der einen Seite, die der negativen nach der andern. Alle gleichartigen Enden werden unter sich mit einem Verbindungsdraht verlötet. Jetzt verbindet man die grauen mit Bleiglätte pastierten Gitter mit dem Minuspol der Gleichstrom-Ladeleitung, die mit Mennige zubereiteten roten Platten mit der Plusleitung. Zur Ermittelung der richtigen Pole bedient man sich des Polreagenz- oder Lakmuspapiers, auf welches nach dessen Anfeuchtung die Enden der beiden Leitungen in einiger Entfernung gelegt werden. Der Minuspol färbt es blau.

In die positive Leitung schalten wir Lampen als Widerstände parallel vor. Ihre Zahl richtet sich nach der höchst zulässigen Ladestromstärke, die man auf der Behandlungsvorschrift der Zelle verzeichnet findet oder selbst berechnet. Auf je 100 qcm beiderseitiger Oberfläche der positiven Platten kommen 0,6 Amp. Hat eine Zelle sieben Elektroden, so sind drei davon positiv. Diese verbrauchen mit einer Oberfläche von je 250 qcm : $3 \cdot 2{,}5 \cdot 0{,}6 = 4{,}5$ Ampère.

Metallfadenlampen von 220 Volt Spannung lassen bei 16 Kerzen 0,1 Ampère, bei 25 = 0,14, bei 32 = 0,17, bei 50 =

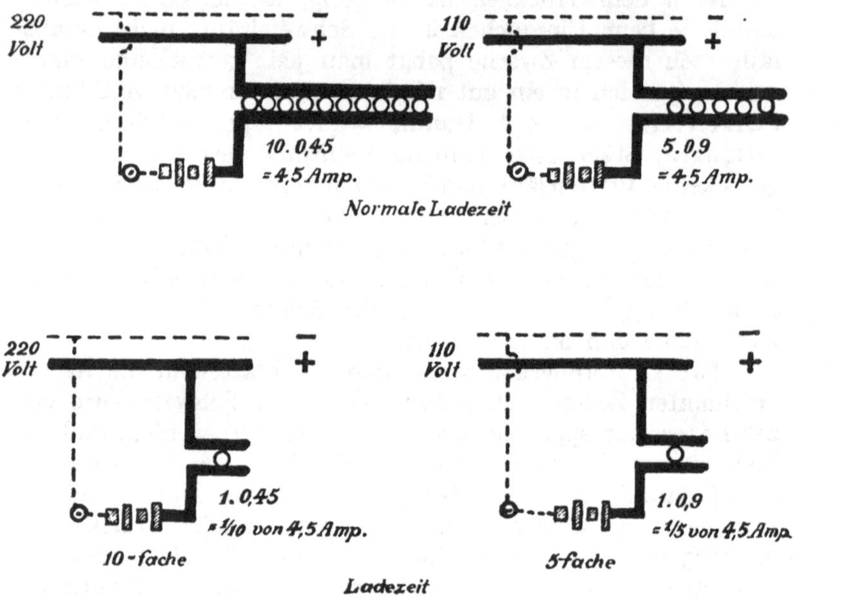

Fig. 14.

0,25 und bei 100 = 0,45 Ampère Strom hindurch. Wir haben also in diesem Falle höchstens 10 Lampen von je 100 Kerzen und $10 \times 0{,}45 = 4{,}5$ Ampère vorzuschalten. An einem 110 Volt-Netz dürfen dann nur 5 Stück genommen werden, da sich bei halber Spannung die Ampèrestärke 0,45 auf 0,9 verdoppelt. Ebensogut könnte man aber auch nur ein bis zwei Birnen von 0,45 bzw. 0,9 Ampère verwenden, was sogar zu empfehlen ist, weil sich dadurch die Kapazität-Aufnahmefähigkeit der Zellen vergrößert. Wir laden dann nur mit $^{1}/_{10}$ bzw. $^{1}/_{5}$ der maximalen= höchstzulässigen Ladestromstärke und müssen dann nur berücksichtigen, daß dann die Ladung die zehn- bis fünffache

Zeit beansprucht. Wir wollen uns diese Überlegung am Bilde vollständig klarmachen.

Mit größerer Stromstärke kürzere Zeit zu laden, würde ein Herausfallen der Masse aus den Gittern verursachen. Hat man keine Meßapparate zur Hand, so reguliere man die Stromstärke nach den an den Platten sich bildenden Gasbläschen. Treten sie zahlreich und besonders groß auf, so schaltet man in die Plusleitung einen entsprechenden Widerstand, bleiben sie ganz aus, so vergrößere man die Stromdichte. Die Ladespannung ergibt sich aus der Differenz zwischen Netzspannung und Betriebsspannung der Lampen, die fast immer vorhanden

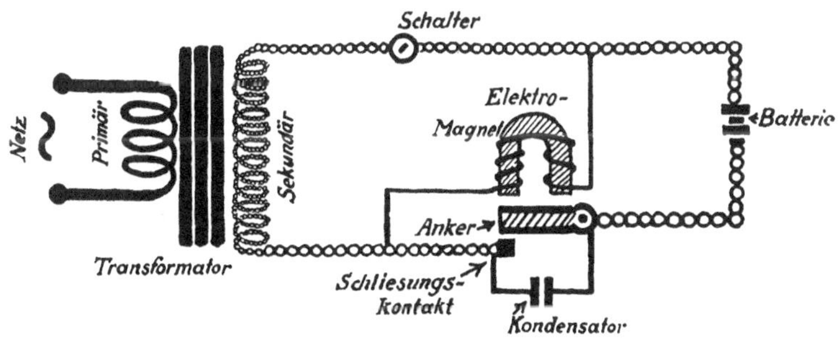

Fig. 15. Pendelgleichrichter.

ist, andernfalls brennen die Lampen um die Voltzahl ein wenig dunkler, welche die zu ladende Akkumulatorenbatterie fort nimmt.

Muß die Ladung aus einem Wechselstromnetz erfolgen, so kann die Umformung des Stromes mittels eines Gleichrichters vorgenommen werden. Man unterscheidet mechanische Gleichrichter und solche mit elektrischer Ventilwirkung.

Mechanische oder Pendelgleichrichter bestehen aus einem Transformator, der den hochgespannten Wechselstrom von 220 bzw. 110 Volt in einen niedrig gespannten umformt, und einem in Hufeisenform gebogenen Elektromagneten mit federndem Anker. Man führt den Wechselstrom in die primäre Wickelung des Transformators und verbindet einen sekundären Pol über einen Ausschalter gleichzeitig mit dem Elektromagneten und der zu ladenden Batterie, während man den andern Pol zum Schließungskontakt leitet, den Anker mit dem andern Pol der Batterie verbindet und einen Kondensator zwischen Anker und Schließkontakt legt.

Zur Erläuterung der Leitungsführung diene das untenstehende Schaltungsprinzip.

In der Ruhelage ist besonders darauf zu achten, daß der Schließungskontakt nicht mit dem Anker geschlossen ist, weil sich sonst die Batterie über den Transformator, infolge des hohen Wickelungswiderstandes zwar nicht mit hoher Ampèrestärke, entlädt. Werden die Primärpole des Transformators, dessen Bau später erörtert wird, an das Wechselstromnetz angeschlossen, so fließt auch der sekundäre niedergespannte Wechselstrom durch die Magnetspulen, die er im Wechsel seiner Phase nord- und südmagnetisch macht, so daß

Fig. 16. Kurve des pulsierenden, zerhackten Gleichstroms. Der punktierte umgekehrte Wechsel wird durch den Selbstunterbrecher verschluckt.

der federnde Anker angezogen und abgestoßen wird, also in schwingende Bewegung gerät. Nur wenn der Magnet den Anker losläßt, so daß er am Schließungskontakt anliegt, kann eine Phase des Wechselstromes die Batterie in einer Richtung durchfließen. Während der 2. Phase, in welcher der Strom entgegengesetzt gehen, also an die falschen Pole der Batterie gelangen würde, wird aber der Anker vom Magneten angezogen und damit der Stromkreis unterbrochen. Dieses Spiel wiederholt sich mit der Periodenzahl des Wechselstromes. Es entsteht somit ein abgehackter, pulsierender Gleichstrom, dessen ausgenutzte Stromwelle die Zeichnung erläutert.

Wegen der durch die hohen Stromstärken entstehenden Abreißfunken ist ein Kondensator zwischen Kontakt und Anker gelegt.

Andere Gleichrichter mit elektrischer Ventilwirkung sollen später in einem besonderen Abschnitt erörtert werden.

Nachdem wir nun die Ladung des Akkumulators sowohl an einem Gleichstromnetz als auch an einer Wechselstromquelle kennen gelernt haben, kommen wir zu den Wirkungen, die der elektrische Strom beim Durchgang in einer Akkumulatorenzelle auslöst.

Der eingeleitete Strom bewirkt allmählich die Umwandlung der Mennige Pb_3O_4 in den positiven Bleielektroden in Bleisuperoxyd PbO_2 und die der Bleiglätte PbO in den negativen Platten in Bleischwamm Pb.

Sobald nämlich die Bleielektroden in die Flüssigkeit eintauchen, bildet sich an allen — positiven und negativen — ein Überzug von Bleisulfat (= schwefelsaures Blei $PbSO_4$), der sich bei den positiven Platten mit der in die Gittermasse eingearbeiteten Säure und 2 Teilen Wasser aus der Flüssigkeit in Schwefelsäure und Bleisuperoxyd verwandelt, solange der elektrische Gleichstrom hindurchgeht. Die Säure teilt sich der Lösung mit, erhöht also deren spezifisches Gewicht, so daß ihre Dichte von 21° Beaumé auf 25° oder von 1,17 auf 1,21 durch die Ladung steigt. Das Bleisuperoxyd haftet auf der positiven Platte als brauner Überzug. Dieser Vorgang vollzieht sich also nach der Gleichung:

$$PbSO_4 + SO_4 + 2\,H_2O = 2\,H_2SO_4 + PbO_2,$$ d. h.:

Bleisulfat + Säure + 2 Tl. Wasser = 2 Tl. Schwefelsäure + Bleisuperoxyd.

An den negativen Elektroden haben sich durch den hindurchfließenden elektrischen Strom 2 Teile Wasserstoff aus der Flüssigkeit ausgeschieden, die das Bleisulfat in Schwefelsäure und Blei zerlegen. Auch hier geht die Säure in die Flüssigkeit über und erhöht ebenfalls deren Dichte, während reines Blei an den Elektroden bleibt. Wir erhalten die Gleichung:

$$PbSO_4 + 2\,H = Pb + H_2SO_4$$

Bleisulfat + 2 Teile Wasserstoff = Blei + Schwefelsäure.

Bei der Entladung findet eine Umkehrung des beschriebenen Oxydationsprozesses statt, indem sich das Bleisuperoxyd der positiven Platten wieder in Mennige Pb_3O_4 und das Blei der negativen in Bleioxyd oder Bleiglätte PbO zurückverwandelt, wobei das spezifische Gewicht der Schwefelsäurelösung sinkt (von 1,21 auf 1,17).

Die volle Kapazität erreicht die Zelle erst nach ihrer dritten bis vierten Aufladung.

Zur Prüfung und Regulierung der Säure empfiehlt es sich, alle Zellen in ein entsprechend großes zylinderförmiges Glasgefäß zu entleeren und je nach Bedarf destilliertes Wasser oder chemisch reine Schwefelsäure zuzugießen, bis das eingetauchte Aräometer das spezifische Gewicht 1,17 vor der Ladung, bzw. 1,21 hinterher, oder eine Dichte von 21° bzw. 25° Beaumé zeigt. Brunnen-, Leitungs- oder Kondenswasser darf nicht zum Auffüllen verwendet werden, weil deren Eisengehalt sofort chemische Verbindungen eingeht und die Platten verdirbt.

Während der Ladung der Akkumulatoren müssen alle Verschlußstöpsel entfernt werden, damit die sich an den Elektroden entwickelnden Gase entweichen können. Wegen der Gefahr der Bildung von Knallgas-, Wasserstoff- und Sauerstoffgas sind alle offenen Flammen fernzuhalten. Deshalb dürfen undicht gewordene Verschlüsse mittels Lötrohr erst nach beendeter Gasentwicklung wiederhergestellt werden.

Die Spannung jeder Zelle, ganz gleich welcher Größe, beträgt bei der Entladung 2 Volt. Die anfängliche Überspannung, die während der Ladung bis auf 2,5 Volt steigt, sinkt sehr schnell bis auf den normalen Stand. Die Zelle ist als erschöpft anzusehen, wenn die Spannung auf 1,85 Volt gesunken ist. Es muß alsdann für baldige Aufladung gesorgt werden. Überhaupt soll die Stromentnahme nicht länger als auf 4 bis höchstens 6 Wochen ausgedehnt werden. Auch während dieser Zeit unbenutzt gebliebene Zellen sind dann neu zu laden.

Besitzt ein Akkumulator eine Kapazität von 21 Ampèrestunden bei einer maximalen Entladestromstärke von 2 Ampère, so kann er ununterbrochen 21 Stunden lang mit 2 Ampère oder 42 Stunden mit 1 Ampère oder 84 Stunden mit 0,5 Ampère Strom liefern. Erfolgt die Stromabnahme nicht hintereinander, sondern in größeren oder kleineren Zwischenräumen, so erhöht sich die Kapazität wesentlich.

Schon bei der Beschreibung des mechanischen Gleichrichters erwähnten wir einen Elektromagneten, ohne bisher die Zusammenhänge zwischen Elektrizität und Magnetismus zu kennen. Es wird also jetzt unsere Aufgabe sein, diese zu erforschen.

5. Der Elektro-Magnetismus.

Unter Magnetismus verstehen wir im allgemeinen die Eigenschaft gewisser Körper, Stahl und Eisen anzuziehen. Auch beim Magnetismus unterscheiden wir wie bei der Elektrizität zwei verschiedene Kräfte, die wir Nord- und Südmagnetismus nennen, von denen ebenfalls das Gesetz gilt, daß die gleichartigen Kräfte an den gleichnamigen Polen sich abstoßen und ungleichnamige sich anziehen. Trotz dieser Verwandtschaft besteht doch zwischen beiden ein bedeutsamer Unterschied. Während positive und negative Elektrizität ganz unabhängig voneinander, getrennt vorkommen können, ist dies bei den Magnetpolen nicht möglich. Bei einem Nordpol

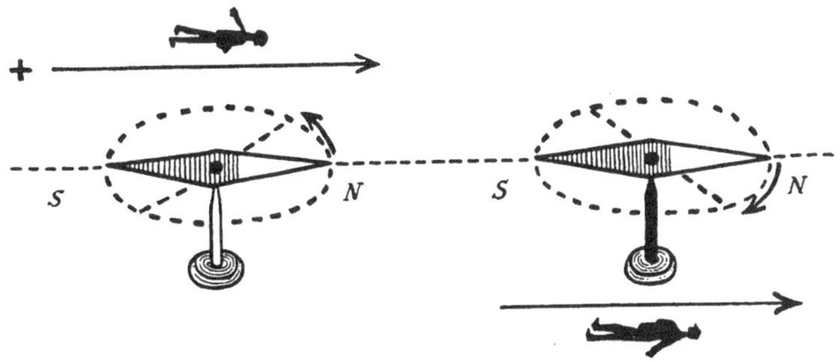

Fig. 17. Ampèresche Schwimmerregel. Ablenkung der Magnetnadel nach links in der Stromrichtung von Süden nach Norden.

muß auch die Gegenkraft vorhanden sein; denn beide sind in ihrer Existenz eng miteinander verknüpft. Ein Stück Eisen, das also nur eine der beiden Kräfte besäße, gibt es nicht.

Im natürlichen Zustand finden wir den Magnetismus in einem Eisenerz, das wir deshalb Magneteisenstein nennen. Aber auch künstlich kann man Eisen und Nickel mit einem natürlichen Magneten magnetisieren oder diese Metalle durch Einwirkungen von elektrischen Strömen zu Magneten machen. Die Entdeckung, daß ein durch einen Metalldraht fließender elektrischer Strom eine in der Nähe befindliche Magnetnadel aus ihrer Richtung ablenkt, machte der dänische Physiker Oersted im Jahre 1820. Daraus entstand 5 Jahre später die Ampèresche Schwimmerregel.

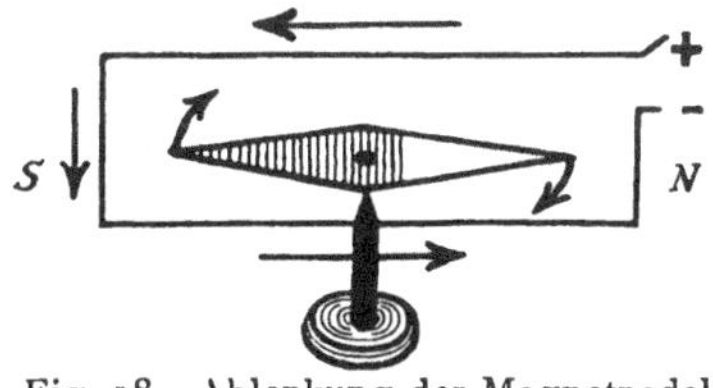

Fig. 18. Ablenkung der Magnetnadel nach rechts in der Stromrichtung von Norden nach Süden.

Denkt man sich mit dem Strome schwimmend, das Gesicht der Nadel zugewendet, so hat man den abgelenkten Nordpol zur Linken.

Läßt man den Strom durch einen rechteckig gebogenen Kupferdraht um die Magnetnadel gehen, so wirkt er über und unter der Nadel infolge entgegengesetzter Stromrichtung in gleichem Sinne ablenkend, so daß der Ausschlag jetzt stärker sein muß. Eine solche Vorrichtung heißt Galvanoskop und mit einer Gradeinteilung verbunden Galvanometer.

Fig. 19. Neutrales Eisen.

Nimmt der Strom seinen Weg von Norden nach Süden, so wird die Magnetnadel nach rechts abgelenkt.

Zur Prüfung schwacher Ströme läßt man den Draht in vielen Windungen um die Nadel kreisen, welche die Wirkung

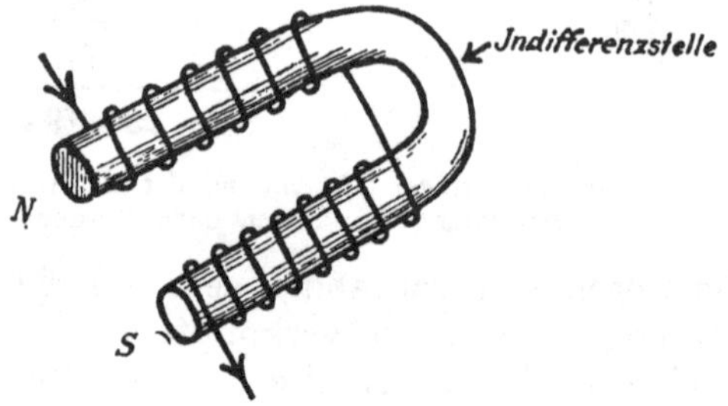

Fig. 20. Elektromagnet.

verstärken oder multiplizieren, weshalb die Vorrichtung Multiplikator genannt wird.

In scheinbar unmagnetischem Eisen halten sich die magnetischen Kräfte untereinander gebunden.

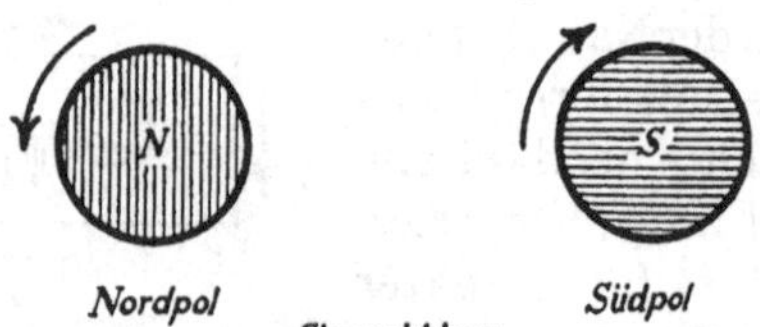

Fig. 21.

Wird es dagegen von einem elektrischen Strom umflossen, so werden die Kräfte während seiner Dauer getrennt, es wird magnetisch. Wird der Stromumlauf dagegen unterbrochen, so verliert auch das Eisen seine magnetische Kraft wieder;

Man nennt diese Kraft Elektromagnetismus. Der Südpol ist immer das Ende, um welches der Strom in Uhrzeigerrichtung fließt. Die von einem Elektromagneten, wie von jedem Magneten überhaupt, ausgehenden Kräfte sind nicht nur in unmittelbarer Nähe und an seinen Polen wirksam, sondern auch in geringerem und größerem Abstande in seiner Umgebung. Der Raum, in dem die magnetischen Kräfte nachweisbar und wirk-

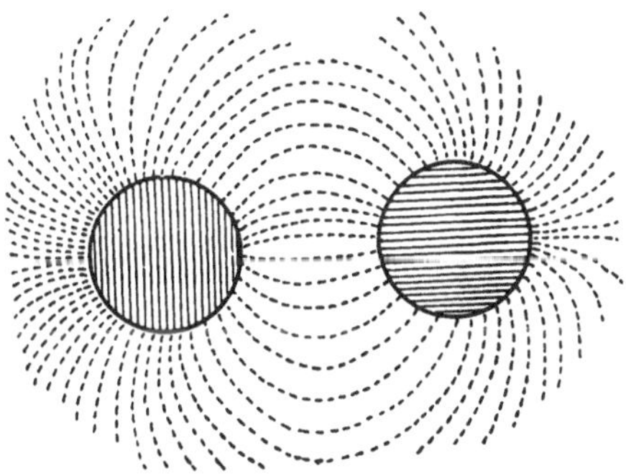

Fig. 22. Kraftlinien.

sam sind, nennt man das magnetische Feld. Man kann sich von dessen Vorhandensein leicht überzeugen, wenn man die Pole mit einem Bogen Papier zudeckt und vorsichtig Eisenfeilspäne darauf streut.

Durch magnetische Verteilung werden die vorher neutralen Eisenteilchen selbst zu Magneten. Da auf jeden ihrer Pole beide vom Hufeisenmagneten ausgehenden Kräfte einwirken, legt sich jedes Stäbchen in die Richtung der Resultierenden, d. i. die Diagonale des Parallelogramms der Kräfte.

Von diesen zu besprechenden elektromagnetischen Erscheinungen wird außer bei den noch in einem besonderen Abschnitt zu besprechenden elektrischen Maschinen, vornehmlich bei dem sogenannten Selbstunterbrecher oder Summer und den elektrischen Meßinstrumenten Gebrauch gemacht.

Fig. 23.

Ein Selbstunterbrecher besteht aus einem Elektromagneten mit Anker, wie er bei elektrischen Klingeln, Morseschreibern, Funkeninduktoren und den schon bekannten Pendelgleichrichtern Verwendung findet.

Sobald ein Strom durch die Windungen des Elektromagneten fließt, wird auch der Eisenkern magnetisiert und zieht den Anker an. Dadurch entfernt sich dieser aber vom Schließungskontakt, so daß der Strom unterbrochen wird, die magnetische Kraft somit aufhört, bis der losgelassene Anker durch Federdruck gegen den Schließungskontakt den Strom wieder fließen läßt, worauf sich das Spiel wiederholt. Durch geeignete Größenverhältnisse lassen sich leicht mehrere hundert Stromunterbrechungen in der Sekunde erreichen.

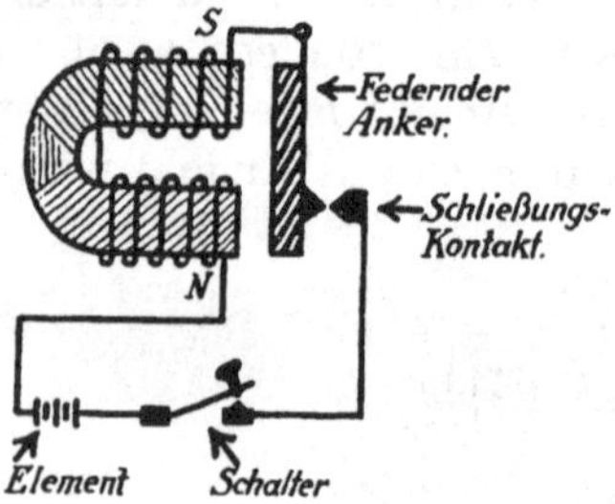

Fig. 24. Selbstunterbrecher.

Da die ablenkende Kraft, die eine stromdurchflossene Spule auf eine Magnetnadel ausübt, proportional oder verhältnisgleich der Stromstärke ist, so nutzt man diese Erscheinung zur Messung von Stromstärken und Spannungen bei dem Ampère- und Voltmeter aus. Ebenso wie eine bewegliche Magnetnadel durch eine feststehende Spule abgelenkt wird, so wird auch umgekehrt eine bewegliche stromdurchflossene Spule durch einen feststehenden Magneten aus ihrer ursprünglichen Stellung in eine andere Richtung gezwungen. Mit der drehbaren Spule ist längs einer Skala ein spielender Zeiger verbunden. Fließt durch die Spule ein elektrischer Strom, so wird sie zum Magneten und erfährt je nach der Stärke des Stromes im Felde des Hufeisenmagneten eine mehr oder weniger große Drehung. Der Grad der Drehung, der an der Skala abgelesen werden kann,

Fig. 25a. Voltmesser.

ist ein direktes Maß für die Strommenge oder -stärke (Ampèremeter).

Auf dem gleichen Prinzip beruht auch das Voltmeter, das nichts anderes als ein Ampèremeter mit einem vorgelegten hohen Ohmschen Widerstand ist (sehr feiner Draht mit vielen Windungen), um den Stromverbrauch möglichst klein zu halten, so daß die Skala in Volt geeicht werden kann.

Fig. 25 b. Ampère- und Voltmeter.

Diese elektromagnetischen Volt- und Ampèremeter sind nur zum Messen von Gleichspannungen und Gleichströmen geeignet. Zur Messung von Wechselströmen sind sie nicht brauchbar, weil entsprechend der wechselnden Richtung des Stromes in der Spule auch die Magnetisierung dauernd ihre Polarität ändern und dadurch der Zeiger je nach der Stromrichtung bald nach der einen Seite, bald nach der anderen ausschlagen würde, was entweder ein dauerndes Vibrieren des Zeigers oder bei sehr schnellem Wechsel ein Stillstehen in seiner Ruhelage zur Folge hätte, weil er infolge seiner Trägheit der hohen Periodenzahl nicht zu folgen vermag. Man benutzt deshalb für Wechselstrommessungen Hitzdraht-Ampèremeter, bei denen von der Wärmewirkung des elektrischen Stromes Gebrauch gemacht wird.

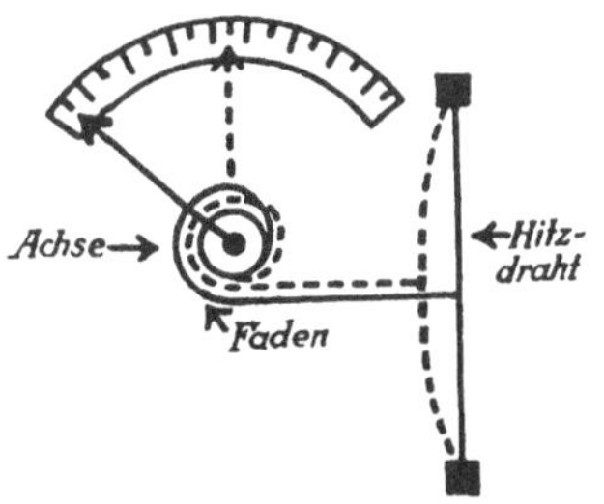

Fig. 26. Hitzdrahtinstrument.

Da mit der Erwärmung eines Drahtes eine Ausdehnung oder Verlängerung verbunden ist, so spannt man zwischen zwei feststehenden Klemmen einen dünnen Platindraht aus und befestigt an seiner Mitte einen Faden, der sich um die drehbare Achse eines Zeigers legt. Geht ein Strom durch den Draht, so tritt eine Verlängerung ein, die sich auf den Faden und damit auf den Zeiger überträgt. Da die Stromrichtung im Hitzdraht für dessen Erwärmung und Verlängerung ohne Belang ist, so kann man diese Instrumente in gleicher Weise zur Messung von Gleich- und Wechselströmen benützen.

Wie in einem Stromkreise ein Volt- und Ampèremeter geschaltet wird, soll folgende Zeichnung erläutern. Das Ampèremeter liegt stets im Hauptstromkreis derart, daß es von dem gesamten von der Batterie ausgehenden Strom durchflossen wird (Hauptschluß), während sich das Voltmeter parallel zur Batterie in einer Abzweigung oder im Nebenschluß befindet.

Bevor wir das Gebiet des Elektromagnetismus verlassen, sei noch zu erwähnen, daß die durch einen umlaufenden Strom in einem unmagnetischen Stück Weicheisen erzeugte magnetische Kraft nach dem Aufhören des Stromes nicht vollständig ver-

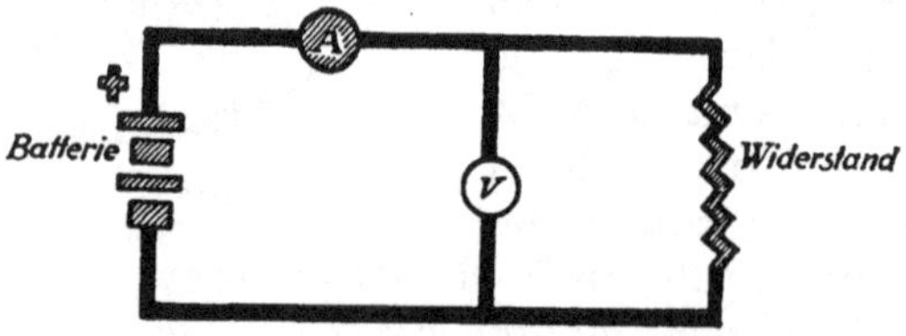

Fig. 27. Schaltung der Meßgeräte.

schwindet Diesen zurückbleibenden Rest bezeichnet man als remanenten oder Restmagnetismus.

Verändert man aber fortwährend die Stromrichtung, so daß der soeben hervorgerufene Nordpol zum Südpol wird, so bleibt auch kein Restmagnetismus zurück. Der gewechselte Strom muß jedoch erst immer eine gewisse Zeit wirken, bis der remanente Magnetismus beseitigt ist. Dazu ist folglich fortwährend ein entsprechender Aufwand elektrischer Energie notwendig, die sich beim Verbrauch in Wärme umsetzt. Diese stellt einen Energieverlust dar und führt zur Erwärmung der magnetisierten Eisenmassen. Sie ist die Ursache, daß sich elektrische Maschinen und Apparate erwärmen, bei denen solche Ummagnetisierungen dauernd in rascher Folge vor sich gehen. Die Erscheinung, daß die Magnetisierung des Eisens nicht in gleichem Maße abfällt wie der magnetisierende Strom, heißt Hysteresis.

Haben wir bei der Betrachtung des Elektromagnetismus erfahren, wie elektrische Ströme die magnetischen Kräfte in neutralem Eisen verteilen und dadurch ihren Magnetismus nach außen hin wahrnehmbar machen, so gilt es jetzt zu erkennen, wie Magnete und elektrische Ströme in geschlossenen, völlig stromlosen Kreisen wiederum Ströme hervorrufen oder induzieren. Unsere nächste Betrachtung umfaßt daher die Induktion.

6. Die Induktion.

Wir stellen uns eine geschlossene, völlig stromlose Leitung her, indem wir eine mit Draht umwickelte Spule mit einem Galvanoskop oder Stromanzeiger verbinden.

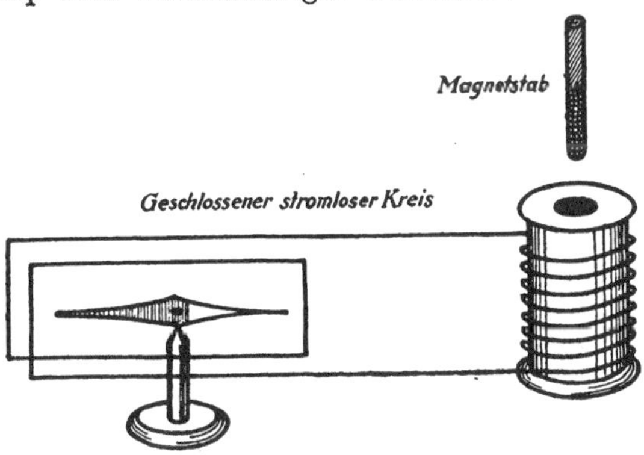

Fig. 28. Magnet-Induktion.

Führen wir jetzt in die hohle Achse der Spule einen Magnetstab ein, so wird die Nadel abgelenkt, woraus wir erkennen, daß in der geschlossenen stromlosen Leitung ein elektrischer Strom entstanden ist, der durch die Kraft des Magneten hineingeleitet, hineingeführt oder, wie man sagt, induziert worden ist. Ziehen wir jetzt den Magnetstab zurück, so erfolgt die Ablenkung der Nadel, nachdem sie zur Ruhe gekommen ist, in entgegengesetzter Richtung. Je mehr Windungen wir der Spule geben, desto stärker ist die Ablenkung der Nadel oder der induzierte Strom. Da die Induktion durch einen Magneten hervorgerufen wurde, bezeichnen wir sie als Magnet-Induktion.

Dieselbe Erscheinung tritt ein, wenn wir den Magneten durch eine stromführende Spule ersetzen, die wir als erste oder Primärspule bezeichnen, weil sie zuerst vom Strom durchflossen wird. Führen wir sie in die zweite oder Sekundärspule ein oder bringen sie in deren Nähe, so wird das Galvanoskop ebenfalls abgelenkt, sobald wir in der Primärspule elektrischen Strom fließen lassen. Unterbrechen oder schwächen wir den Strom oder entfernen den Primärkreis, so beobachten wir eine Ablenkung der Nadel nach der entgegengesetzten Richtung. Daraus ist ersichtlich, daß ein Stromwechsel stattgefunden hat, also die Induktionsströme Wechselströme sind. Die Stärke des Induktionsstromes richtet sich nach dem Windungsverhältnis der beiden verwendeten Spulen und der Stromstärke und Spannung des Primärkreises. Wir nennen diese Induktion im Gegensatz zur magnetischen die elektrische oder galvanische

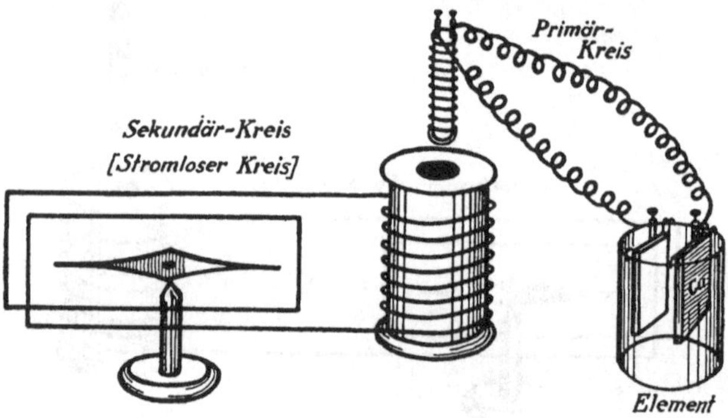

Fig. 29. Elektro-Induktion.

oder kurz Elektro-Induktion, weil wir mit Hilfe des galvanischen oder elektrischen Stromes die Wirkung im Sekundärkreis herbeigeführt haben. Die Entdeckung dieser Erscheinung verdanken wir dem englischen Physiker Faraday aus dem Jahre 1831.

Die Erklärung für diese wunderbare Erscheinung ist sehr einfach, wenn wir an die uns bereits bekannte Elektronentheorie denken. In den Glas- oder Hartgummistab wurden auch durch das Reiben keine Elektronen oder Elektrizitätsteilchen hineingetragen, sondern ihr neutrales Gleichgewicht, in welchem sie vorher gebunden waren, wurde nur gestört, so daß sie zu fließen anfingen und dadurch ihren Einfluß nach außen hin geltend machten. Genau dieselbe Wirkung üben die Kraftlinien der erregenden Primär-Kreise auf die sekundären aus. Sie machen nur die schon vorhandenen Elektronen frei für den Stromfluß. Daraus ergibt sich auch ohne weiteres die Erklärung für die Stärke des entstehenden Stromes. Je mehr Kraftlinien wir einführen und mit je mehr ruhenden Elektronen wir sie in Berührung bringen, desto mehr Elektronen müssen für den Umlauf frei werden, d. h. je mehr Windungen beide Spulen haben, desto größer ist der fließende Strom.

Die erregenden Kraftlinien des stromführenden Kreises rufen nicht nur in den benachbarten Spulen elektrische Spannungen hervor, sondern in ihm selbst. Man bezeichnet diesen Vorgang als Selbstinduktion. Durch Einschieben eines weichen Eisenkerns in die Spule wird die Selbstinduktion bedeutend vergrößert. Als Maß für ihre Stärke dient das Henry, welches entsteht, wenn bei Änderung des Stromes um 1 Ampère 1 Volt Spannung vorhanden ist. Neben dieser sehr großen Einheit wird die Selbstinduktion auch noch in Zentimetern angegeben. So sind 1000 cm 0,001 Mikrohenry oder 1 Milliontel Henry.

Diese Selbstinduktion spielt sowohl bei den Sendern der drahtlosen Telegraphie als auch bei den Empfängern eine große Rolle. Wir wollen daher unsere Betrachtungen der Beschaffenheit und Herstellung von Selbstinduktionsspulen widmen.

7. Die Selbstinduktionsspulen.

Bei den Funkensendern verwendet man zur Selbstinduktion meist Flachspulen aus Kupferband oder Zylinderspiralen aus Kupferrohr. Die Selbstinduktion eines Drahtringes von 30 cm Durchmesser und 2 mm Dicke beträgt etwa 1000 cm oder 1 Milliontel Henry. Eine Flachspirale mit 8 Windungen, deren innerste 12 cm und deren äußerste 30 cm Durchmesser hat, besitzt etwa 25000 cm Selbstinduktion.

Für Empfänger verwendet man gewöhnlich 0,3 bis 0,8 mm starken, mit Seide, Baumwolle oder Emaille isolierten Kupferdraht. Dieser setzt zwar dem Strom noch einen bedeutenden Widerstand entgegen. Um ihn zu verringern, hat man auch zopfartig geflochtene Litze aus ganz dünnen isolierten Drähten hergestellt, wodurch die Oberfläche erheblich vergrößert wird, so daß sich der hindurchfließende Strom bequem ausbreiten kann und weniger Ohm Widerstand findet. Jedoch reichen die oben genannten Drähte völlig aus.

Jede Spule kann eine ihrer Größe und Wicklungsart entsprechende Menge von Strom fassen. Diese Kapazität, die man als Eigenkapazität bezeichnet, läßt aber die Induktionswirkung der Spule nicht zur Geltung kommen, indem der Strom nicht den Drahtwindungen folgt, sondern sich trotz der Isolation einen bequemeren Weg sucht. Diese Eigentümlichkeit besitzen gerade die Ströme, die ihre Richtung in einer Sekunde nicht nur 50 mal, wie der in unsern Lichtleitungen fließende Starkstrom, sondern 100 000 mal und öfter wechseln. Mit solchen Hochfrequenzströmen haben wir es vorzugsweise in der Technik der drahtlosen Telegraphie zu tun. — Aus diesen Gründen muß die Eigenkapazität auf das geringste Maß beschränkt werden, was dadurch erreicht wird, daß man die Punkte des größten Stromunterschiedes weit auseinanderlegt. Das Wesen der kapazitätsfreien Wicklung mehrlageriger Spulen ist aus obigem Querschnitt ersichtlich.

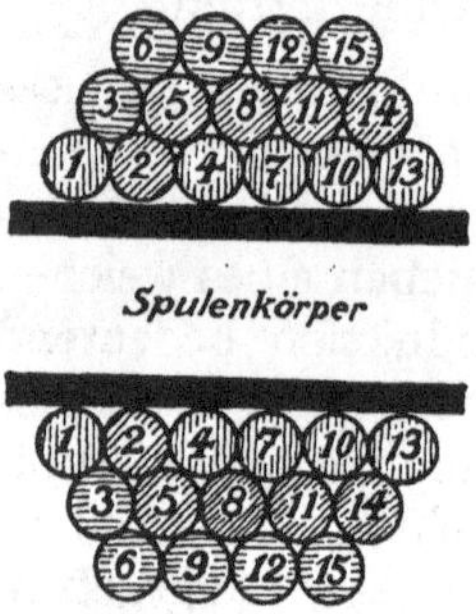

Fig. 30. Kapazitätsfreie Wicklung.

Am leichtesten herstellbar ist die einlagerig gewickelte Zylinderspule, deren Durchmesser nicht unter 5 cm betragen soll. Mit veränderlicher Selbstinduktion werden Abzweigungen zu Kontakten oder Steckbuchsen geführt, oder man läßt über eine blank geriebene Mantellinie einen Schieber gleiten, durch den jede gewünschte Windungszahl angeschlossen werden kann.

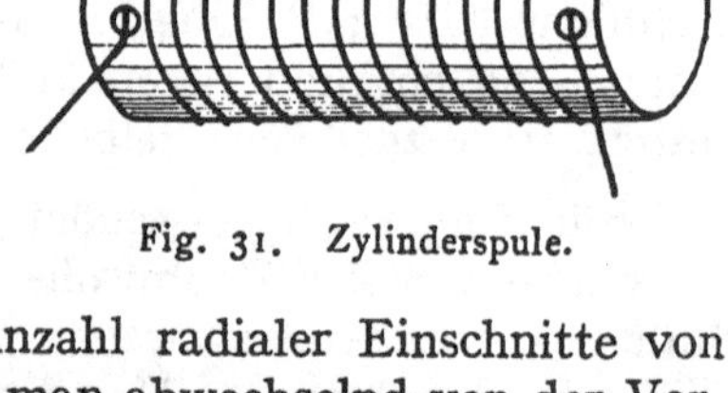
Fig. 31. Zylinderspule.

Die Korbboden- oder Sternspule wird auf ein Stück 2 mm starke Pappe oder Hartgummi mit einer ungeraden Anzahl radialer Einschnitte von der Mitte aus gewickelt, indem man abwechselnd von der Vorderseite auf die Rückseite geht.

Honigwabenspulen sind infolge ihrer geringen Eigenkapazität gut verwendbar. Man wickelt sie über zwei Reihen ungerader radial in den Kern gesteckter Nadeln im Zickzack, wobei immer ein Haltepunkt übersprungen wird, so daß jede zweite Lage gegen die erste um eine Nadel versetzt ist. Die oberste Schicht kann auch zylindrisch gewickelt werden, wodurch die Spule eine gewisse Festigkeit erhält. Nach Fertigstellung der Windungszahl, wobei jede ganze Lage im Zickzack nur als eine einzige Windung rechnet, taucht man die Spule in eine Schellacklösung. Wenn diese gut eingetrocknet ist, entfernt man die eingesteckten Nadeln und den Kern, auf dem die Spule gewickelt ist.

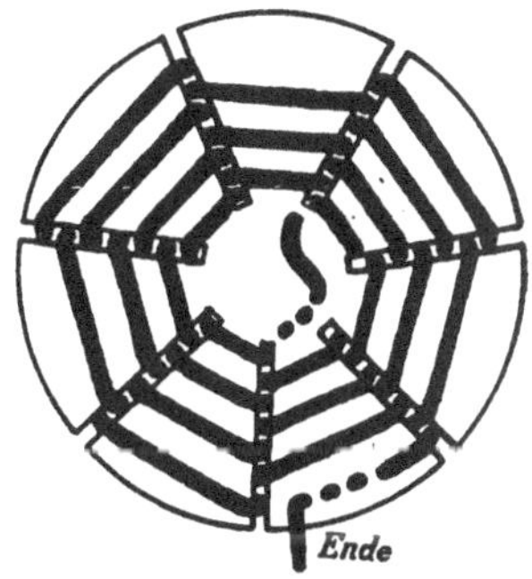

Fig. 32. Korbbodenspule.

Zwei von verschiedenem Durchmesser ineinandergesteckte Zylinderspulen oder Hohlkugeln, deren innere drehbar angeordnet ist, bilden ein Variometer mit stetig veränderlicher Selbstinduktion.

Schaltet man zwei Spulen hintereinander, so addieren sich ihre Selbstinduktionswerte bei gleichem Wicklungssinn.

Steckt man sie ineinander, so vergrößert sich ihre Selbstinduktion bis zum höchsten Wert $0{,}8 \cdot L_1 \cdot L_2$, während der geringste, ganz auseinandergezogen, $L_1 + L_2$ beträgt. Mit

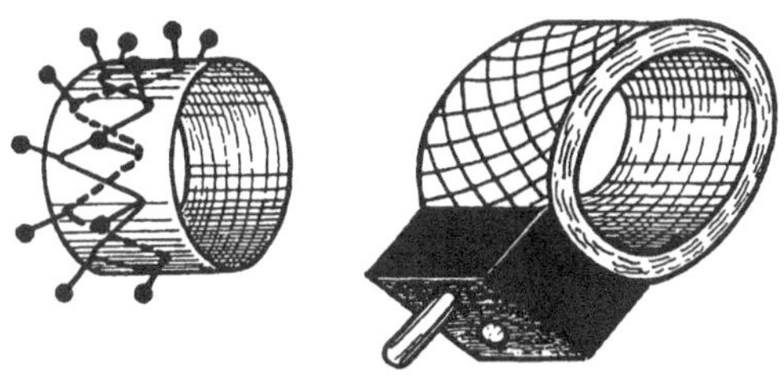
Fig. 33. Honigwabenspule.

entgegengesetztem Wicklungssinn heben sich die Kraftfelder zum Teil auf und ihr Wert wird kleiner als $L_1 + L_2$.

Bei Parallelschaltung berechnet sich der Gesamtwert der Selbstinduktion nach der Formel $\frac{L_1 \cdot L_2}{L_1 + L_2}$; denn der Strom wählt den kürzesten Weg durch die kleinere Spule, wo er den geringeren Widerstand findet. Da außerdem ein Teil durch die größere abfließt, so muß der Gesamtwert der Selbstinduktion kleiner sein als die der kleinsten Spule.

Die Selbstinduktion einer einlagerigen Zylinderspule wird bestimmt durch das Quadrat von π (Pi) mal dem Quadrat der Windungszahl auf einen Zentimeter Spulenlänge, mal dem Quadrat des Spulendurchmessers, mal der Spulenlänge, mal dem Formfaktor, einer komplizierten veränderlichen Größe, die durch das Verhältnis der Spulenlänge zum Durchmesser bestimmt und aus der untenstehenden Kurventafel ersichtlich ist.

Beträgt die Länge der Spule 9 cm, der Durchmesser 5, so erhalten wir das Verhältnis 9 : 5 oder $^{9}/_{5} = 1^{4}/_{5} = 1{,}8$.

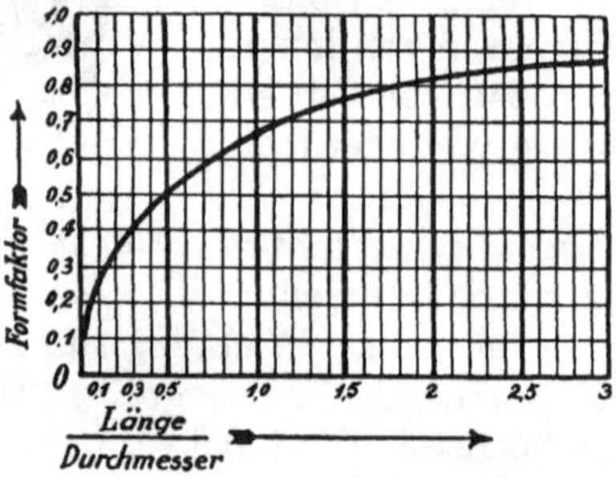

Fig. 34. Kurventafel zur Berechnung des Formfaktors.

Gehen wir nun auf der wagerechten horizontalen Achse, der Abszisse, bis zum Punkte 1,8 und suchen den senkrechten oder vertikalen Abstand des Kurvenschnittpunktes, die Ordinate dann erhalten wir als Formfaktor die Größe 0,8.

Haben wir 10 Windungen auf je einen Zentimeter Spulenlänge, so erhalten wir nach Einsetzung der Größen: Formfaktor $F = 0{,}8$, Quadrat der Windungszahl $W^2 = 10^2$, Spulenlänge in cm $L = 9$, Durchmesserquadrat $D^2 = 5^2$ folgende Rechnung:

$$\text{Selbstinduktion} = F \cdot W^2 \cdot L \cdot D^2\ \pi^2$$
$$= 0{,}8 \cdot 10^2 \cdot 9 \cdot 5 \cdot 10^2$$
$$= 0{,}8 \cdot 100 \cdot 9 \cdot 25 \cdot 100 = 1\,800\,000 \text{ cm.}$$

Kommen dagegen auf einen Zentimeter Spulenlänge nur 5 Windungen, so ergibt sich die Rechnung:

$$\text{Selbstinduktion} = 0{,}8 \cdot 5^2 \cdot 9 \cdot 5^2 \cdot 10^2$$
$$= 0{,}8 \cdot 25 \cdot 9 \cdot 25 \cdot 100 = 450\,000 \text{ cm.}$$

Die Selbstinduktionswerte mehrlageriger Spulen sind aus folgender Tabelle abzulesen:

Drahtstärke 0,5 mm; lichte Spulenweite 61 mm, Isolation: doppelte Baumwolle.

Nr.	Anzahl der Lagen	Gesamtzahl der Windungen	Windungszahl der obersten Lage	Selbstinduktion in cm	Wellenbereich mit Kondensator 500 = λ m
1	1	25	25	52 000	100—320
2	1	35	35	88 000	150—410
3	2	45	5+5	150 000	200—540
4	2	55	10+10	215 000	250—640
5	2	69	34	340 000	300—820
6	3	85	8+8	500 000	400—1000
7	3	102	33	750 000	500—1200
8	4	134	32	1 280 000	600—1650
9	5	165	31	1 850 000	700—1900
10	6	195	30	2 750 000	800—2300
11	8	252	28	4 800 000	1000—3000

Alle Spulen haben mit Ausnahme der Nr. 1 in der untersten Lage 35 Windungen. Wo in Spalte 4 zwei mit + - Zeichen verbundene Zahlen stehen, ist die oberste Lage nicht voll gewickelt. So werden bei Nr. 3 zuerst bis zu fünf Windungen in der obersten Lage zweistufig gewickelt. Es folgen dann 24 einlagerige Windungen und zum Schluß noch fünf Lagen der zweistufigen Wicklung.

Fig. 35. Kondensator mit Selbstinduktionsspule zur Wellenabstimmung.

Zu beachten ist, daß alle auswechselbaren Spulen den gleichen Wicklungssinn haben, also entweder durchweg rechtsgängig oder alle linksgängig gewickelt sind und Anfang und Ende zum gleichen Steckanschluß geführt werden, damit beim Auswechseln einer Spule durch eine andere die Induktion nicht geschwächt wird.

Beim Zusammenschalten einer Honigwabenspule mit einem Drehkondensator von 1000 cm Kapazität sind folgende Wellenbereiche zu erzielen:

Windungszahl	Wellenbereich in λ m	Windungszahl	Wellenbereich in λ m
25	180—430	200	1000—2800
35	200—560	250	1300—3600
50	250—615	300	1600—4200
75	400—1020	400	2000—5500
100	500—1300	500	2500—7100
150	700—2000	1000	6000—14500

Sowohl auf der Leipziger Messe 1925 als auch bei der zweiten großen deutschen Funkausstellung vom 4. bis 13. September 1925 waren Neuerungen kapazitätsfreier Spulen zu sehen, von denen genannt seien: die Ledion-Spule der Aktiengesellschaft vorm. C. I. Vogel, Adlershof, eine dämpfungsfreie Honigwabenspule aus Emailledraht mit der »Biene«, wie sie nebenstehende Abbildung zeigt, und die »Multidyn«-Spule der Ideal-Radiogesellschaft Berlin.

Fig. 36. Dämpfungsfreie Emailledraht-Honigwabenspule.

Nachdem wir nun die gebräuchlichsten Arten der Selbstinduktionsspulen kennen gelernt haben, kommen wir zu dem nächsten auf dem Prinzip der Elektro-Induktion beruhenden Apparat, dem Funken-Induktor.

8. Der Funkeninduktor.

Die ersten drahtlosen Stationen besaßen als Energiequelle für elektrische Schwingungen einen Funkeninduktor, der dazu dient, Ströme niedriger Spannung und großer Stärke in solche hoher Spannung und geringer Stärke umzuwandeln. Er besitzt zu diesem Zwecke eine innere Primärspule, die als Selbstunterbrecher mit einem Eisenkern ausgebildet ist, und eine äußere Sekundärspule. Von dem gegenseitigen Verhältnis der Windungszahlen ist die Übersetzung abhängig.

Legen wir an die Primärspule von 100 Windungen 25 Volt Spannung bei 2 Ampère Stromstärke, so beträgt der Wattverbrauch ohne Berücksichtigung der Widerstandsverluste $25 \cdot 2 = 50$ Watt. Er bleibt auch nach der Umformung gleich. Sind auf der Sekundärspule 100 000 Windungen vorhanden, so steht die erzielte Spannung in der Sekundärspule in demselben Verhältnis zur Windungszahl wie im Primärkreis, beträgt also 25000 Volt. 100 : 25 = 100000 : 25000. Da der Wattverbrauch gleich bleibt, also 50 Watt beträgt, berechnet sich die Ampèrestärke:

$$25000 \text{ Volt} \cdot \text{Ampère} = 50 \text{ Watt}$$

$$\text{Ampère} = \frac{50 \text{ Watt}}{25000 \text{ Volt}} = {}^1/_{500}.$$

Bei jeder Stromschließung bildet sich um die primäre Spule ein magnetisches Kraftfeld aus, indem Kraftlinien ringsherum aus der Spule hinausschießen. Sie verschwinden wieder, sobald der Strom unterbrochen wird. Die sekundäre Spule befindet sich in dem Bereich der Kraftlinien. Da diese fortwährend auftauchen und wieder vergehen, so wird auch die

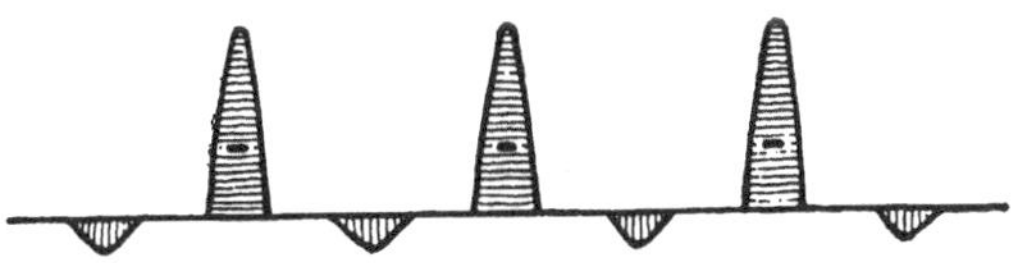

Fig. 37. Stromkurve des Funkeninduktors.

sekundäre Spule häufig von Kraftlinien geschnitten. Die in den Sekundärkreis eindringenden Kraftlinien wecken einen Strom in der einen Richtung, die verschwindenden einen entgegengesetzten Strom. Dieser ist von hoher Spannung, da die Sekundärspule viel mehr Windungen als die primäre Spule hat. Die Spannungen in Spulen, die von der gleichen Kraftlinienzahl geschnitten werden, verhalten sich wie die Windungszahlen.

Bei jeder Stromunterbrechung im Primärkreis schwindet das Kraftlinienfeld sofort, während es sich beim Schließen infolge der Selbstinduktion verhältnismäßig langsam ausbildet. Daher ist der Öffnungsstrom kräftiger als der Schließungsstrom. Da der Hammer oder Selbstunterbrecher jedesmal, bevor er seine Bewegung umkehrt, eine geringe Zeit in Ruhe bleibt, entsteht im Sekundärkreis, ein zerhackter Wechselstrom mit einer verschwindend kleinen positiven aber äußerst großen negativen Amplitude, so daß man ihn als zerhackten Gleichstrom ansehen kann.

Durch höchste Verfeinerung des Unterbrechers könnte

man dem Induktor einen Wechselstrom von 200 Perioden in der Sekunde entnehmen. Bestenfalls würde also in jedem zweihundertsten Teil einer Sekunde eine Welle ausgebildet. Ihre Länge ist $\frac{\text{Fortpflanzungsgeschwindigkeit}}{\text{Frequenz}}$ oder $\frac{300\,000 \text{ km}}{200}$ = 1500 km.

Eine Welle von 1 500 000 m Länge ist fernmeldetechnisch nicht verwendbar.

Wir können aber den Induktor zur Erzeugung sehr schneller Ätherschwingungen veranlassen, wenn wir den Spannungen an den Enden der Sekundärspule Gelegenheit geben, sich in Form eines Funkenüberschlags auszugleichen. Zu diesem Zweck leiten wir die Poldrähte zu zwei Metallstangen mit kugelförmigen Verdickungen an den Enden, zwischen denen ein schmaler Luftspalt offen bleibt.

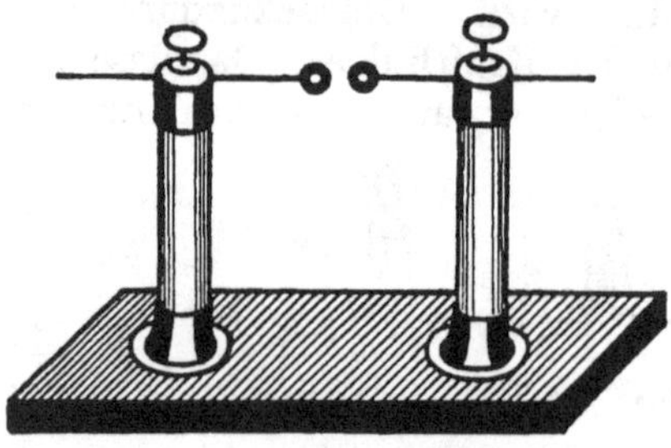

Fig. 38. Funkenstrecke.

Die Kugeln und Metallstäbe der Funkenstrecke stellen einen Stromspeicher dar, der eine gewisse Menge Energie aufzunehmen vermag. Während sonst die unzähligen Einzelteile der Energiemenge einzeln verpuffen, wird durch die Aufspeicherung dafür gesorgt, daß sie gedrängt zusammenbleiben, um so im gegebenen Augenblick eine viel kräftigere Wirkung zu entfalten.

Worin liegt nun hier die Steigerung der Periodenzahl und damit die Verkürzung der Wellenlänge?

Durch die Forschungen Feddersens wurde 1859 zum erstenmal bewiesen, daß der Funke kein leuchtender Punkt, sondern ein Band ist, welches dadurch zustande kommt, daß Teilfunken bald von der einen Seite, bald von der anderen der Funkenstrecke ausgehen. Die Energie wird also gleich einem Spielball mehrere Male hin- und hergeworfen, wobei sie mehr und mehr abnimmt, um schließlich zu verschwinden.

Feddersen fand mit Hilfe eines Drehspiegels, daß eine ganze Funkenentladung nur den 50 000. Teil einer Sekunde dauerte, wobei 8 Einzelentladungen stattfanden. Mithin entstand eine Schwingung bereits im 8 . 50 000. = 400 000. Teil einer Sekunde, so daß 400 000 Schwingungen möglich gewesen wären, falls die Funkenentladung eine ganze Sekunde angedauert hätte. Demnach betrug die Wellenlänge:

$$\frac{300\,000}{400\,000}\,\text{km} = {}^3/_4\,\text{km} = 750\text{m}.$$

Hieraus erkennt man ohne weiteres, daß durch die Funkenstrecke die Frequenz der Entladungen oder die Periodenzahl ganz außerordentlich zu steigern ist, wodurch sich die bedeutende Verkürzung der Wellenlänge ergibt.

Verbesserungen der Funkenstrecke werden wir später noch kennen lernen. Wir wenden uns vielmehr jetzt dem nächsten Apparat zu, der ebenfalls, wie der Funkeninduktor, auf dem Prinzip der Induktion beruht.

9. Der Transformator.

Ebenso, wie wir den niedergespannten Gleichstrom im Funkeninduktor zu einem hochgespannten zerhackten Wechselstrom umgeformt haben, können wir auch Wechselströme in ihrer Spannung ändern oder transformieren. Diesem Zwecke dient der hiernach benannte Transformator, welcher eine verbesserte Form des Funkeninduktors darstellt. Während bei ihm, wie wir gesehen haben, die von der Primärspule ausgehenden Kraftlinien ihren Weg durch die Luft nehmen müssen, um in den Sekundärkreis zu gelangen, wird beim Transformator die Verbindung zwischen Niederspannungs- und Hochspannungsspule durch ein gemeinsames eisernes Joch hergestellt. Dieser Eisenkern ist meist nicht massiv, sondern aus vielen dünnen Einzelblechen zusammengelegt, um Energieverluste durch auftretende Induktions- und Wirbelströme zu vermeiden. Dieselben durch den primären Wechselstrom hervorgerufenen Kraftlinien treten also auch gleichzeitig im sekundären Teil des gemeinsamen Eisenkerns auf, so daß die Sekundärspule fortwährend von entstehenden

Fig. 39. Niederfrequenztransformator.

und wieder verschwindenden Kraftlinien geschnitten wird, wodurch in ihr ein Wechselstrom gleicher Periode entsteht.

Ein Selbstunterbrecher wie beim Funkeninduktor ist also nicht erforderlich, da der im Primärkreis fließende Wechselstrom schon von Natur aus mit der Richtung seine Stromstärke ständig ändert. Auch fällt der Energieverlust fort, welcher durch die Überbrückung des schlecht leitenden Luftraumes beim Funkeninduktor eintritt und die Kraftlinien schwächt.

Je nach der Form der Eisenkerne unterscheidet man Kern- und Manteltransformatoren.

Die Spannungsänderung oder das Übersetzungsverhältnis des Transformators ist abhängig vom Windungsverhältnis der primären und sekundären Wickelung. Stehen die Windungszahlen im Verhältnis von 2 : 15, so wäre die sekundäre Spannung $7^1/_2$ mal so groß als im Primärkreis. Hat der Speisungsstrom

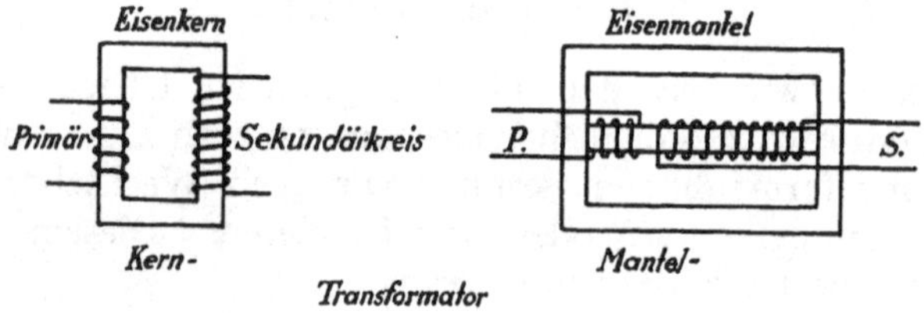

Fig. 40.

also 220 Volt, so beträgt der Sekundärstrom $7{,}5 \cdot 220 = 1650$ Volt. Durch beliebige Wahl des Übersetzungsverhältnisses lassen sich Spannungen bis 100000 Volt erzielen.

Die Gesamtleistung ergibt sich, wie wir bereits wissen, aus dem Produkt von Volt · Ampère = Watt. Betrug die Stromstärke bei 220 Volt 15 Ampère, so war die Leistung $220 \cdot 15 = 3300$ Watt. Die Stromstärke der transformierten Spannung von 1650 Volt ergibt sich demnach, wenn man die Leistung 3300 durch 1650 dividiert = 2 Ampère.

Die tatsächliche Stromstärke ist noch etwas geringer, weil Magnetisierungs- und Erwärmungsverluste unberücksichtigt geblieben sind.

Die Transformatoren finden Verwendung bei den Sendern zur Umwandlung des Niederspannungswechselstromes von 220 Volt in einen Hochspannungsstrom, der erst imstande ist, die gesamten Funkenstrecken zu überschlagen. Inwiefern auch bei den Röhrensendern Hochspannungsströme bis 20000 Volt, somit also auch Transformatoren nötig sind, wird später erläutert werden. Auch zur Lautverstärkung der Empfänger werden kleine Transformatoren im Verhältnis von 1 : 3 bis 1 : 20 benötigt, denen man durch hohe Windungszahlen, primär oft schon 30000, einen hohen Widerstand gibt.

10. Das Telephon.

Der Hörempfang ist heute im Bereich der drahtlosen Telegraphie etwas ganz Selbstverständliches, und niemand empfindet mehr einen Mangel gegenüber der dokumentarischen Festlegung der Äthertelegramme mit einem Morseschreiber.

Die Schallplatte des Telephons wird ganz besonders leicht durch Magnetinduktion zu Bewegungen veranlaßt, die sich auf die Luft übertragen und damit unserm Ohr wahrnehmbar gemacht werden. Wie diese Schwingungen entstehen, lehrt uns das Telephon selbst.

Fig. 41. Inneres eines Kopfhörers. Der Elektromagnet liegt an den Polschuhen des Dauermagneten.

Mit ganz besonderem Nationalstolz wollen wir hervorheben, daß der Fernhörer eine deutsche Erfindung des im Jahre 1874 in Gelnhausen a. Kinzig verstorbenen Lehrers Philipp Reis ist. Obgleich seine Apparate ausgezeichnet wirkten, fand er nicht die nötige Unterstützung, sie in den öffentlichen Verkehr zu bringen. Dies gelang erst dem praktischen Amerikaner Graham Bell, der infolgedessen vielfach als Erfinder angesehen worden ist.

In seiner einfachsten Einrichtung besitzt das Telephon einen langen Stabmagneten, der in einem Stiel befestigt ist und am Boden mittelst einer Schraube verstellt werden kann. Vor dem einen Pol liegen zwei Spulen um einen Kern weichen Eisens, die miteinander verbunden sind, und deren Drahtenden zu den äußeren Klemmen führen. Vor den Spulen befindet sich eine dünne Membran aus Eisenblech, die nur an ihrem Rande durch einen kreisrunden Schallbecher festgeklemmt ist, so daß der mittlere Teil große Elastizität besitzt.

Eine Verbesserung erhielt das Telephon durch Werner Siemens, der an Stelle des Magnetstabes einen Hufeisenmagneten verwendete und diesen mit den elektromagnetischen Spulen in einer Dose einbaute.

Hierdurch wurde gleichzeitig auch die Wirkung verstärkt, indem nicht nur die Pole des Elektromagneten, sondern auch die des beständigen Hufeisenmagneten vor die Membran zu liegen kommen, so daß nur ganz geringe Stromstöße notwendig sind, die Schallplatte zum Schwingen zu veranlassen.

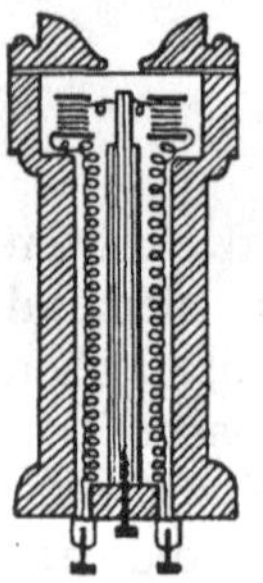

Fig. 42. Bells Telephon.

Im Ruhezustande, wenn kein Strom durch die Spulenwicklung fließt, wirken nur die Pole des Dauermagneten anziehend auf die Membran, die dann in dieser Stellung etwas durchgebogen verbleibt, ohne die Pole zu berühren. Schickt man jetzt einen Gleichstrom hindurch, so werden auch die Eisenkerne oder Polschuhe magnetisch und ziehen die Membran stärker an, falls die elektromagnetisch erzeugten Pole mit den vorhandenen des Hufeisenmagneten dieselbe Polarität ergeben, um sie wieder loszulassen, wenn der Stromstoß aufhört, sodaß sie in ihre alte Lage zurückschnellt.

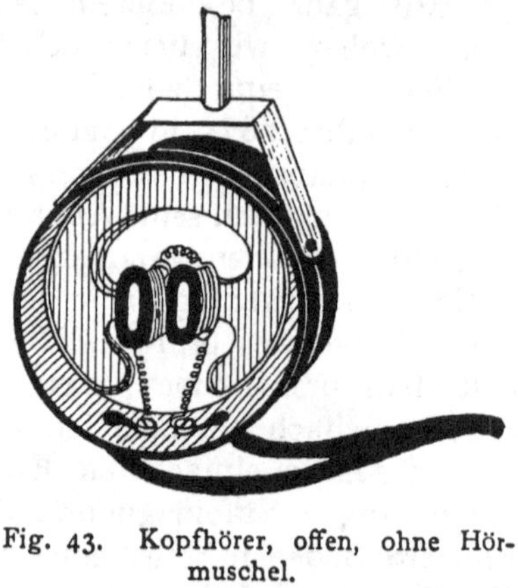

Fig. 43. Kopfhörer, offen, ohne Hörmuschel.

Treffen die Stromstöße periodisch in rascher Folge ein, so erfolgt die veränderliche Anziehung fortdauernd, d. h. die Membran schwingt im Zeitmaß der Stromstöße hin und her. Diese Schwingungen übertragen sich auf die Luft und werden als Sprache oder musikalischer Ton unserm Ohr wahrnehmbar. Hierbei sei ausdrücklich erwähnt, daß die Schwingungszahlen der hörbaren Töne nur zwischen 40 bis 10000 in der Sekunde liegen. Alle anderen Frequenzen befinden sich außerhalb des hörbaren Bereiches, weil sowohl die Membran des Telephons als auch unser Ohr infolge ihrer gewissen Trägheit schnelleren Impulsen nicht zu folgen vermögen.

Wohl hat man das soeben beschriebene Telephon auch zum Hineinsprechen bei Entfernungen von einigen Kilometern benützt. Auf weitere Strecken wächst jedoch der Widerstand der Leitungsdrähte so sehr, daß die in der Spulenwickelung erzeugten Ströme zu schwach sind, um auf weitere Entfernungen übertragen zu werden. Man setzt deshalb an die Stelle des Telephons zum Sprechen das von dem in London geborenen, aber in Amerika lebenden Professor David Edwin Hughes erfundene Mikrophon, welches ebenso auf dem Prinzip der Induktion beruht und im folgenden betrachtet werden soll.

11. Das Mikrophon.

Um die Induktionsströme zu verstärken, führt man dem Telephon der Empfangsstation von einem besonderen Elemente direkt Elektrizität zu. Die ankommenden Induktionsströme haben dann nur die Aufgabe, den vorhandenen Strom entweder zu stärken oder zu schwächen, also Stromschwankungen hervorzurufen. Ihre Aufgabe wird unterstützt durch das Mikrophon, μικρός φωνή, zu deutsch: Kleintöner. Dieser schon mehrfach verbesserte Apparat besteht aus einem Gehäuse, das hinter einer dünnen Kohlemembran eine Anzahl Kohlekörner enthält, die in muldenförmigen Vertiefungen der Rückwand liegen, aber nur soviel Spielraum haben, daß sie auch bei senkrechter Stellung des Mikrophons zwischen Vorder- und Hinterwand nicht durchfallen können.

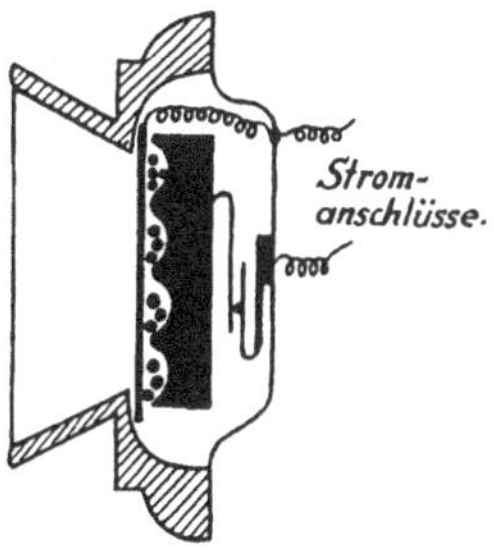

Fig. 44. Körner-Mikrophon.

Wird die Schallplatte besprochen, so werden die Kohlekörnchen entweder zusammengepreßt oder gelockert. Damit verändert sich ihr Widerstand und somit auch die Stärke des Stromes. Entsprechend der im Rhythmus der Sprache schwingenden Membran treten demnach Stromschwankungen auf, die im Telephon gehört werden können. Auf der Empfangsseite ist die Membran solange unbewegt, als die Intensität des Batteriestromes sich nicht verändert, was im Ruhezustande der Fall ist. Werden aber durch den empfindlichen veränderlichen Kohlenwiderstand des Mikrophons Stromschwankungen in den Stationsstrom hineingetragen, so rufen diese die gleichen Veränderungen im magnetischen Kraftfeld des Hörers hervor, so daß jetzt die Empfangsmembran dieselben Bewegungen ausführt und uns die Laute hörbar macht, welche das Mikrophon aufnimmt.

Dem einfachen Kohlenkörnermikrophon kann man einen Strom von etwa 0,2 Ampère zumuten, so daß es bei einem mittleren Widerstande von 50 Ω ein Watt verbraucht. Dies ist ein sehr günstiges Ergebnis, wenn man berücksichtigt, daß die auf die Membran wirkende Schallenergie kaum ein Milliontel davon ausmacht. Das Mikrophon wirkt also nicht allein als Umwandler, sondern in ganz bedeutendem Maße als Verstärker.

Da die Membran eine Masse darstellt, die demgemäß eine gewisse Trägheit besitzt, so wird sie wie jeder schwingende Körper auf bestimmte Frequenzen, die ihrer Eigenschwingungszahl nahe liegen, mehr reagieren als auf andere. Das ist aber ein bedeutender Nachteil dieses Mikrophons. Die Eigenschwingungen wirken deshalb so störend, weil die in der Musik und Sprache auftretenden Schallschwingungen einen sehr großen Frequenzbereich, 40 bis 10000 in der Sekunde, umfassen. Die Klangfarbe eines bestimmten Tonkomplexes, die man sich in zahlreiche einfache Schwingungen zerlegt denken kann, muß dadurch verzerrt werden. Man hat versucht, die Membran so straff zu spannen, daß ihre dann sehr hohe Eigenschwingungszahl außerhalb des Bereiches der musikalischen Töne zu liegen kam. Dadurch wurde jedoch die Empfindlichkeit zu sehr herabgedrückt. Auch die Verwendung vieler parallel geschalteter Mikrophone mit verschiedenen Eigenschwingungszahlen geben keine durchgreifende Verbesserung. Ein weiterer Nachteil der Kohlenkörnermikrophone besteht darin, daß die Widerstandsänderung nur annähernd der Schallintensität proportional ist, welche auf die Membran einwirkt. Ferner spielt sich der physikalische Vorgang der Widerstandsänderung durch gegenseitiges Festschweißen der Kohlenkörner nicht genügend gleichmäßig ab. Man hat auch diese Fehler durch Parallelschaltung mehrerer Mikrophone auszuschalten versucht. So besteht das an Gummibändchen hängende Kohlemikrophon der Telegraphon-Aktiengesellschaft aus zwölf kleinen Einzelapparaten, deren Membrane außerdem zur Unterdrückung von Nebengeräuschen in besonderer Weise gedämpft sind. Diese Einrichtung hat sich gut bewährt.

Ein ganz anderes Prinzip, um den Schall in gleichgeformte elektrische Ströme zu verwandeln, liegt dem Kathodophon zugrunde, das von der Lorenz-Aktiengesellschaft, Berlin-Tempelhof, gebaut wird. Es besteht aus einem Schalltrichter, der an seinem Ende als schmale Düse ausgebildet ist und von einer Stromquelle 500 Volt Spannung erhält. Dahinter, durch einen winzigen Luftspalt von dem Bruchteil eines Millimeters getrennt, liegt die Glühkathode, nach der die Apparatur benannt ist. Sie besteht aus einem keilförmigen feuerfesten Stift, der durch eine Heizspirale bis zur Gelbglut geheizt wird. Die Spitze des Stiftes ist zur Erhöhung der Elektronenemission, des Austritts von Elektrizitätsteilchen, mit Erdalkalioxyden präpariert.

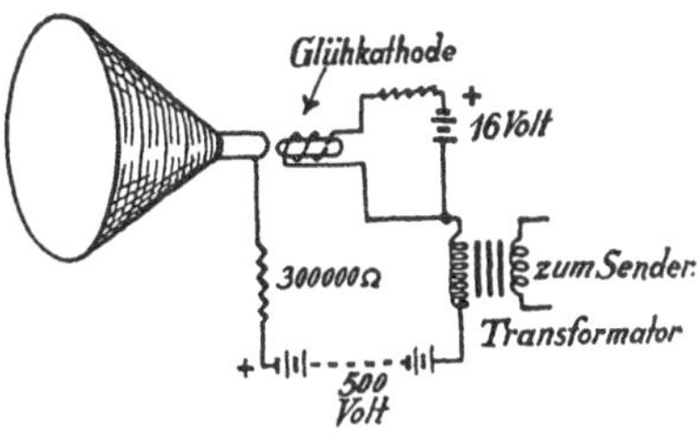

Fig. 45. Kathodophon.

Spricht man in den Trichter, so wird der Ionenstrom durch die entgegentretende Luftbewegung mehr oder weniger gehemmt und es entstehen Stromschwankungen, die in allen Punkten der Luftströmung identisch sind. Gegenüber dem Körnermikrophon hat das Kathodophon den Vorteil, daß es überhaupt keine festen Massen und demnach auch keine Eigenschwingungen hat; es formt also Musik und Sprache vollkommen naturgetreu. Ein Nachteil besteht darin, daß die sehr geringen Stromstärken erst durch Transformatoren umgeformt werden müssen, bevor sie dem Sender zugeführt werden.

Auf einem ähnlichen Prinzip beruht das Mikrophon der Western Elektric Company in Amerika.

Eine große Bedeutung hat auch das elektromagnetische Bändchenmikrophon von Siemens & Halske gewonnen.

Nach dem Induktionsgesetz wird in einem innerhalb eines magnetischen Feldes sich bewegenden Leiters eine Spannung erzeugt. Wird an den Leiter ein Strom angeschlossen, so wechselt dessen Richtung, sobald die Richtung des bewegten Leiters sich ändert. Diese Tatsache liegt der Erfindung zugrunde.

Die beiden Pole eines Magneten erzeugen ein kräftiges beständiges magnetisches Feld, in welchem ein sehr dünnes, nur einige tausendstel Millimeter starkes, etwa 1 cm breites und 10 cm langes Blättchen aus einer Aluminiumlegierung aufgehängt ist.

Dieses Bändchen bildet die Membran des Systems, das durch Querriffelung versteift ist und dadurch auch nur 20 Eigenschwingungen hat, die unter der Hörbarkeitsgrenze liegen.

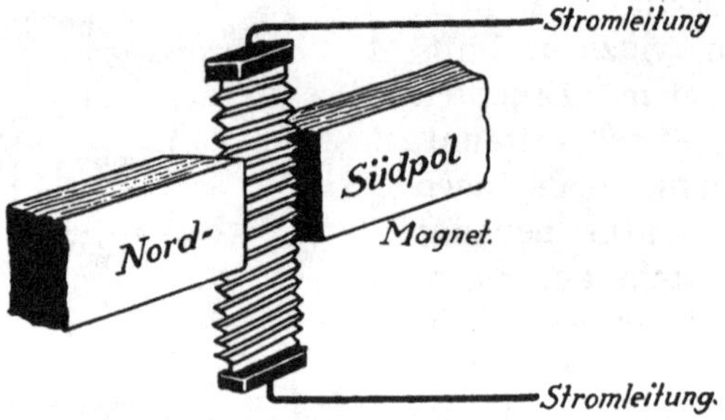

Fig. 46. Bändchen-Mikrophon.

Spricht man gegen das Bändchen, so wird dieses von den Luftwellen in Schwingungen versetzt, wodurch an den Anschlüssen eine Wechselspannung entsteht, die den Bewegungen des Schalles entspricht. Die geringen Ströme müssen jedoch ebenfalls durch Transformatoren verstärkt dem Sender zugeführt werden. Dieser Apparat hat sich auch vorzüglich bei der Übertragung von Sprache und Musik bewährt.

12. Die Wechselstrommaschine.

Eine der wichtigsten Anwendungen findet die Induktion bei den als Energiequelle für den Anstoß der Ätherwellen seit geraumer Zeit bestehenden Wechselstromdynamomaschinen.

Zwischen den Polen eines Magneten oder Elektromagneten befindet sich auf einer drehbaren Achse eine Kupferdrahtschleife, auf deren beiden Enden Metallringe aufgesetzt sind. Durch leicht aufliegende schleifende Kupfer- oder Kohlebürsten wird der erzeugte Strom abgenommen und in die Verbrauchsleitung geführt.

Innerhalb der Magnetpole befindet sich ein Kraftfeld, dessen Linien wir uns durch die Punkte der Zeichnung vergegenwärtigen.

Bewegt sich die Drahtschleife, so entsteht ein Strom,

dessen Größe durch die Anzahl der in einer gewissen Zeit geschnittenen Kraftlinien bestimmt wird. Bei dem Teil der Drehung, in dem die Schleife den Magnetpolen am nächsten steht, werden die meisten Kraftlinien senkrecht geschnitten, während dies zwischen den Polabständen weniger geschieht, wo die Bewegungsrichtung parallel mit den Kraftlinien verläuft. In der Mitte, wo gar keine Durchschneidung der Linien stattfindet, kann auch kein Strom entstehen. Verfolgt man jetzt die Drehung weiter, so entsteht mit der Zunahme der geschnittenen Kraftlinien wieder ein anschwellender Strom, der aber in entgegengesetzter Richtung fließen muß, da nun das Fcld nicht mchr von links nach rechts, sondern umgekehrt durchlaufen wird.

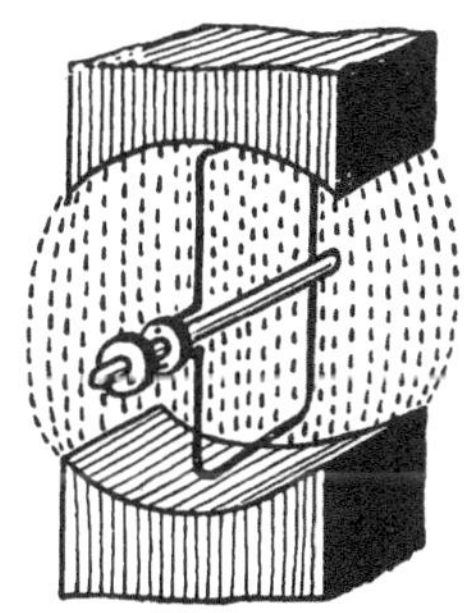

Fig. 47. Prinzip der Wechselstrommaschine.

Die Strombahn läßt sich an einer gekrümmten Linie erkennen, die in der angefangenen Richtung allmählich bis zur Höchstleistung wächst, dann bis zum Nullpunkt abnimmt und in umgekehrter Richtung nochmals bis zur größten Stärke zunimmt, um auch hier wieder zum Nullpunkt zu gelangen. Dies wiederholt sich in steter Folge.

Die einmalige Umdrehung der Schleife heißt eine Periode, die Zeit, in der dies geschieht, Periodendauer. Die Frequenz von 50 Umdrehungen bildet die Leistung der gewöhnlichen

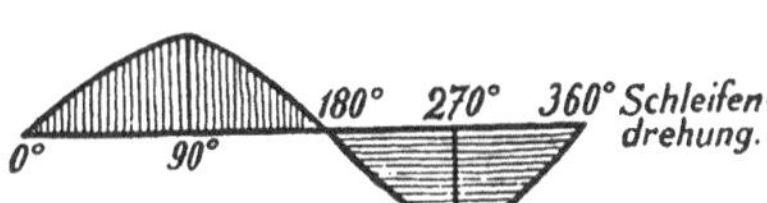

Fig. 48. Stromkurve.

Starkstrommaschinen, die aber für den Sendebetrieb nicht brauchbar sein können, wie folgende Überlegung ergibt.

Bei 50 Umdrehungen vergeht während einer Periode der 50. Teil einer Sekunde, in der die ganze Welle ausgebildet ist. Ihr Anfang ist dann bei der bekannten Geschwindigkeit der Wellenbewegung um die Strecke $\frac{30\,0000}{50}$ km von der Anfangsstelle entfernt, das sind 6000 km. Wir haben bereits beim

Funkeninduktor gesehen, daß solche gewaltigen Wellenlängen von 6 Millionen Metern nicht brauchbar sind.

Nur mit der Funkenstrecke war es möglich, so geschwinde Entladungen zu erzeugen, daß geeignete Wellen entstanden. Deshalb strebten die Funkingenieure danach, dieses Gebilde allmählich immer mehr zu verfeinern. So hatte der Braun-Sender eine Funkenstrecke mit einem Luftspalt von mehreren Zentimetern. Die Elektroden gestaltete man zu Pilzen oder Ringen um, damit der Funke Gelegenheit hatte, an immer anderen Stellen überzuspringen, wodurch eine zu große Erwärmung der Elektroden vermieden wurde.

Die Telefunken-Gesellschaft hat nach der Erfindung des Professors Max Wien in Jena den weiten Luftspalt der Funkenstrecke in zahlreiche ganz schmale Zwischenräume von nicht mehr als $^1/_5$ mm Breite zerlegt, welche äußerst geschwind entionisiert, d. h. leitungsunfähig werden. Bei Aufladung der Elektroden bildet sich beiderseits des Luftspaltes eine immer höhere Spannungsdifferenz aus. Die im trennenden Spalt befindlichen zahlreichen positiven Ionen werden von der negativen Elektrode, die negativen dagegen von der positiven infolge der herrschenden Spannung angezogen und aufgesogen. Bei diesem Eilmarsch prallen sie unausgesetzt gegen neutrale Atome, die sie durch Zertrümmerung ebenfalls in Ionen verwandeln. Ebenso stoßen die erwärmten Elektroden Ionen aus. Es bildet sich demnach eine immer besser werdende elektrische Gleitbahn aus. Sobald diese genügend fest gefügt ist, findet der Ausgleich der elektrischen Spannung in Form eines Funkens statt. Die Lichterscheinung beruht auf Erhitzung der Luftteilchen. Nach erfolgtem Funkenübergang bleibt die Leitungsfähigkeit des Luftspaltes nur solange bestehen, bis die vorhandenen Ionen von den entladenen Elektroden aufgesogen sind. Es ist einleuchtend, daß sich bei schmalen Luftspalten und breiten Oberflächen der Elektroden dieser Vorgang weit schneller abspielt, als bei einer gewöhnlichen Funkenstrecke. Sind die Luftspalte ionenfrei und daher leitungsunfähig, so kann die Antennenenergie nicht auf den Erregerkreis zurückfluten, muß also ausstrahlen. Dadurch war erreicht, daß statt 20% jetzt 70% der gesamten Energie zur Ätherbewegung ausgenutzt wurden. Ferner entstanden keine Nebenwellen, so daß die schärfste Abstimmung der Empfänger möglich war

Während bei der gewöhnlichen Funkenstrecke infolge der langsamen Entionisierung des breiten Luftspaltes nur 100 Schwingungsreihen in der Sekunde entstehen konnten, war die Löschfunkenstrecke bereits in $^1/_{1000}$ Sekunde leitungsunfähig, so daß die Funkenfolge auf die zehnfache Geschwindigkeit gesteigert wurde. Es konnte jetzt mit bestem Erfolge eine Wechselstrommaschine mit der Frequenz 500 angewendet

Fig. 49. Telefunken-Hochfrequenzmaschine nach Graf Arco.

werden, indem man die Drahtschleife zwischen 10 Magneten 50 Umdrehungen in der Sekunde machen ließ, wodurch 1000 Auf- und Entladungen der Funkenstrecke erfolgten und bei diesen schnellen Schwingungen kein Geräusch, sondern ein Ton im Telephon hörbar wurde, so daß man die schnell entionisierte Funkenstrecke als tönende Löschfunkenstrecke bezeichnete.

Bei dieser Anordnung folgen die Schwingungen nicht so schnell aufeinander, daß man von geschlossenen Serien sprechen könnte, vielmehr setzt jede mit hoher Amplitude ein und klingt schnell wieder ab. Während der Dauer der Entladung kann aber dem Schwingungskreise keine neue Energie zugeführt werden, weil die sich entladende Funkenstrecke gewissermaßen eine Brücke bildet, über die sich die Spannung der Stromquelle ohne weiteres ausgleicht.

Infolge der so entstehenden Pausen erfolgen die Schwingungen im Telephon des Empfängers stoßweise abgerissen, so daß Sprache und Musik in unregelmäßig schwankender Lautstärke bruchstückartig völlig verzerrt hörbar werden, während dies bei Telegraphieempfang von Morsezeichen bedeutungslos bleibt. Auch über den Draht kann man bei der gewöhnlichen Telegraphie keine Gespräche führen, wenn die Leitung fortdauernd unterbrochen wird.

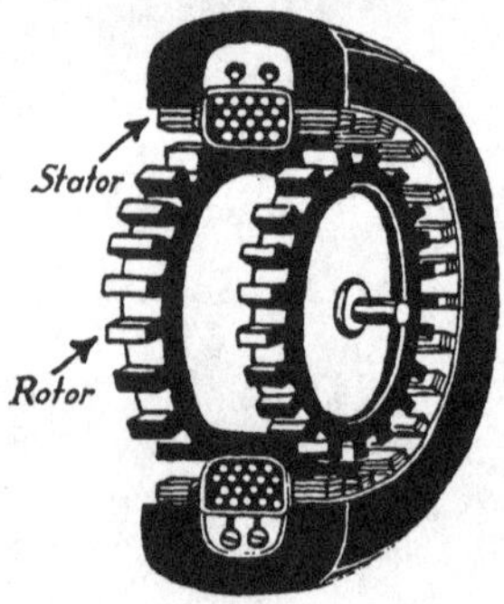

Fig. 50. Telefunken-Hochfrequenzmaschine.

Wir haben es also auch bei der Löschfunkenstrecke mit gedämpften Schwingungen zu tun, ähnlich dem schnell verklingenden Klavierton, dessen Saite vom Hammer kurz angeschlagen wurde. Die ungedämpften Schwingungen, welche der Antenne ohne jede Pause, also ununterbrochen, Energie zuführen, gleichen dem Orgelton, der solange gleichmäßig stark erklingt, als die Pfeife aus der Windlade durch Niederdrücken der Taste Luft erhält.

Das Bestreben der Funkingenieure war daher darauf gerichtet, ungedämpfte, d. h. ununterbrochene Schwingungen von gleicher Stärke durch eine Maschine mit genügend hoher Periodenzahl zu erzeugen. Eine solche mußte 6000 bis 50000 Schwingungen in der Sekunde liefern. Die Lösung dieses Problems gelang den Physikern Fessenden, Alexanderson und dem Grafen Arco, einesteils durch Vermehrung der Magnetpole sowie Erhöhung der Umlaufgeschwindigkeit und Vervielfachung der Drahtschleife, andernteils durch Steigerung der Frequenz mittelst Transformatoren.

Bei der vom Grafen Arco konstruierten Hochfrequenzmaschine besteht die Drahtschleife, der Läufer oder Rotor, aus einem massiven Gußstahlkörper ohne Wickelung mit 240 parallel zur Achsrichtung eingefrästen Nuten, wodurch ebensoviel Zähne entstehen, die einer gleichen Anzahl Magnetpole aus fein lamellierten Blechen gegenüberstehen und an dem feststehenden Teil, dem Stator, angebracht sind. Die Statorzähne haben eine fortlaufende Wickelung, während eine dazwischenliegende, von einer Gleichstromquelle gespeiste Ringspule die in ihrem Kraftfeld befindlichen Zähne zu Magnetspulen macht.

Bei 25 Umdrehungen und 240 Rotorzähnen entsteht eine Frequenz von $25 \cdot 240 = 6000$ Perioden. Diese Grundfrequenz wird erhöht durch sogenannte Frequenztransformatoren mit 3 Wickelungen auf zwölf-, vierundzwanzig- und achtundvierzigtausend, so daß Wellen von:

$$\frac{300\,000\text{ km}}{6000} = 50\,000\text{ m}, \quad \frac{300\,000\text{ km}}{12\,000} = 25\,000\text{ m}, \quad \frac{300\,000\text{ km}}{24\,000}$$

$$= 12\,500\text{ m und } \frac{300\,000\text{ km}}{48\,000} = 6250\text{ m Länge entstehen.}$$

Diese so hervorgebrachten Schwingungen sind, ebenso wie bei den noch zu erwähnenden Lichtbogensender des Dänen Poulsen, spr. Paulsen, ungedämpft, weil sie unausgesetzt, d. h. ohne Pausen in gleicher Stärke hervorgebracht werden.

Da uns jetzt die Energiequellen zur Hervorbringung der Ätherschwingungen bekannt sind, wollen wir uns mit dem Prinzip der Abstimmung beschäftigen.

13. Die Abstimmung.

Wird in ein geöffnetes Klavier ein Ton hineingesungen oder eine Stimmgabel angeschlagen, so tönt die entsprechende Klavierseite mit, weil sie dieselbe Eigenschwingungszahl hat; alle andern Saiten mit anderen Schwingungsfrequenzen bleiben stumm. Dieselbe Erscheinung finden wir auch bei der Übereinstimmung der Schwingungsfrequenz elektrischer Wellen. Diesen eigenartigen Vorgang bezeichnet die Technik als Mittönen oder Resonanz.

Da jede Antenne ihre bestimmte Eigenschwingungsfrequenz hat, müssen die vom Sender erzeugten Schwingungen mit ihr in Übereinstimmung gebracht werden. Andererseits muß auch im Empfänger Resonanz bestehen, wenn er diese Schwingungen aufnehmen soll. Wir nennen dies Abstimmung auf die gleiche Wellenlänge oder Schwingungsfrequenz. Sie wird erreicht durch eine Verbindung der uns bereits bekannten Selbstinduktionsspulen mit einem elektrischen Speicher oder Kondensator.

Eine solche Vorrichtung haben wir in der im Jahre 1745 von dem deutschen Gelehrten E. I. von Kleist erfundenen, meist nach der holländischen Stadt Leyden benannten Leydener Flasche. Diese besteht aus einem Glasgefäß, das innen und außen mit Staniol belegt ist. Um die Stromzuführung zu erleichtern, stellt man eine Metallstange hinein, welche durch federnde Bügel die Innenbelegung berührt.

Führt man den Atomen der inneren Belegung, deren elektrische Kräfte sich im Gleichgewicht halten, so daß sie nach außen hin ungeladen erscheinen, beispielsweise negative Elektrizität mittelst einer Influenzmaschine zu, so macht sich sofort die Störung des Gleichgewichts nach außen durch das Glas, den Isolator oder das Dielektrikum, geltend, indem auch die äußeren Atome gespalten werden.

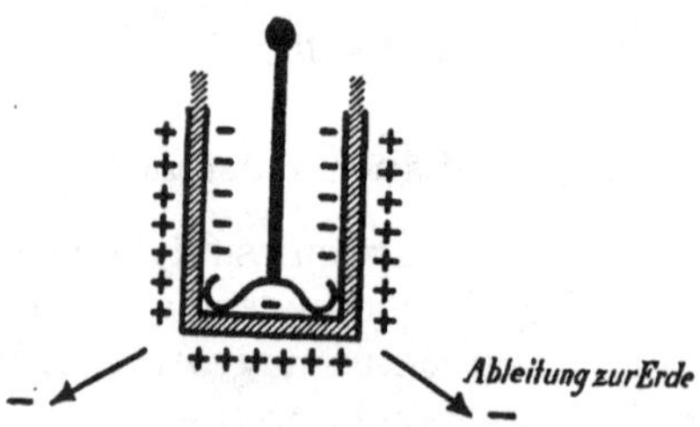

Fig. 51. Leydener Flasche.

Nach dem Gesetz der Anziehung ungleichartiger Kräfte wird die positive Elektrizität von der innen befindlichen negativen festgehalten, während die abgespaltenen negativen Teilchen durch die Hand, welche die Leydener Flasche hält, oder den Tisch, auf dem sie steht, zur Erde abfließen. Die Menge der von der Flasche aufzunehmenden Elektrizität hängt von der Ausdehnung der Belege ab. Wird die Spannung zu groß, indem sie die Aufnahmefähigkeit übersteigt, so gleicht sie sich durch das Dielektrikum hindurch aus, indem das Glas zertrümmert wird. Diesen Bottich und auch alle plattenförmigen Elektrizitätsspeicher nennt die Technik Kondensatoren.

Ihre Aufnahmefähigkeit führt die wissenschaftliche Bezeichnung Kapazität. Diese ist nicht nur abhängig von der Größe, Zahl und Entfernung der Platten, sondern auch von der Art des Dielektrikums oder Isolators. Bei Verwendung von Hartgummi ist die Kapazität dreimal, bei Glas viermal und Glimmer sechsmal so groß als bei Luft.

Schaltet man einen Kondensator an eine Gleichstromleitung, so wird er sehr schnell aufgeladen. Da aber keine Entladung stattfindet, riegelt er den Strom ab, während ein Wechselstrom frei hindurch kann, weil er nach jeder Aufladung mit dem folgenden Stromrichtungswechsel entladen wird. Allerdings bietet der Kondensator dem Wechselstrom infolge Stauungen der Elektrizität einen gewissen, sogenannten kapazitiven Widerstand, der aber immer geringer wird bei zunehmender Kapazität und höherer Frequenz des Wechselstromes.

Die in der Funktechnik angewandten festen oder Blockkondensatoren haben also den Zweck, in einer Leitung mit verschiedenen Strömen dem Gleichstrom den Weg zu versperren, ihn zu blockieren, den Wechselstrom dagegen ungehindert hindurch zu lassen.

Es ist nun zu untersuchen, welchen Einfluß die Selbstinduktionsspule mit ihrer elektrischen Trägheit auf den Kondensator ausübt.

Sobald während der ersten Viertelschwingung des Wechselstromes die Ladung ihre Kapazitätshöchstgrenze erreicht hat, gleicht sich die Spannung über das Dielektrikum aus und entlädt sich. Der hierbei entstehende Strom ruft in der Selbstinduktionsspule ein starkes Kraftlinienfeld hervor. Dadurch wird die nächste Kondensatoraufladung, die während der zweiten Halbschwingung in entgegengesetzter Richtung erfolgt, auf Grund der gegenseitigen Anziehung verschiedener elektrischer Kräfte größer als ohne das Kraftfeld der Spule. Die Amplituden aller folgenden Schwingungen werden daher künstlich erhöht, so daß sich die sonst schnell eintretende Dämpfung nicht auswirken kann.

Dieser ganze Vorgang spielt sich ungeheuer schnell, unter Umständen in $^1/_{50000}$ Sekunde ab, wobei etwa 8—12 Schwingungen stattfinden, deren schnellem Abklingen die Selbstinduktion in der eben geschilderten Weise entgegentritt.

Wollen wir einen Empfänger auf eine bestimmte Wellenlänge oder Frequenz abstimmen oder in Resonanz bringen, so müssen wir Kapazität und Selbstinduktion in ein entsprechendes Verhältnis zueinander bringen. Wird die Selbstinduktion vergrößert, so wächst die Wellenlänge, die Schwingungsfrequenz wird verlangsamt. Eine Erhöhung der Kapazität, d. h. eine Erweiterung der Oberfläche eines Kondensators hat dieselbe

Wirkung, obwohl durch Einschaltung eines solchen überhaupt, an und für sich eine Verkürzung der Welle oder Beschleunigung der Frequenz eintritt. Wir haben dadurch ein vorzügliches Mittel, nur die uns genehmen Wellen in unsere Empfänger zu lassen. Alle Sender, mit denen dieser nicht in Resonanz steht, bleiben stumm.

Zur Veränderung der Kapazität besitzt der Kondensator eine Anzahl halbkreisförmiger Platten, von denen die Hälfte beweglich angeordnet ist, so daß jede zwischen je zwei feststehende hineingedreht werden kann. Die Kapazität ist am größten, wenn sich alle beweglichen Platten innerhalb des feststehenden Teiles befinden.

Fig. 52. Kondensator mit Luft als Dielektrikum.

Sie wird nach Farad oder, weil dies eine sehr große Einheit ist, in Zentimetern bestimmt. Eine Kugel von 1 cm Radius hat 1 cm Kapazität.

Bezeichnet man das Dielektrikum mit D, die Oberfläche der Platten mit F, ihren Abstand mit A, so berechnet sich die Kapazität nach der Formel:

$$C = \frac{D \, . \, F}{4 \pi \, . \, A}$$

Ein Kondensator mit Luft als Dielektrikum, einer Plattenoberfläche von insgesamt 628 qcm und einem Plattenabstand von 0,2 cm ergibt nach obiger Formel eine Kapazität von

$$\frac{1 \, . \, 628}{4 \, . \, 3{,}14 \, . \, 0{,}2} = \frac{628}{12{,}56 \, . \, 0{,}2} = \frac{628}{2{,}512} = 628\,000 : 2512 = 250 \text{ cm.}$$

Derselbe Kondensator mit Hartgummidielektrikum hat

$$\frac{3 \, . \, 628}{4 \, . \, 3{,}14 \, . \, 0{,}2} = \frac{1884}{2{,}512} = 1\,884\,000 : 2512 = 750 \text{ cm.}$$

Mit Glimmerisolation würde sich die Kapazität von 750 cm noch verdoppeln.

Schaltet man zwei Kondensatoren parallel, so summieren sich ihre Kapazitäten, also $C = C1 + C2$.

Bei Hintereinanderschaltung berechnet sich die Gesamtkapazität nach der Formel $C = \frac{C^1 \cdot C^2}{C^1 + C^2}$, sie ist also geringer als die Kapazität des kleinsten Kondensators.

Wir haben davon gesprochen, daß die vom Sender erzeugten Schwingungen mit der Eigenwelle der Antenne durch Verbindung von Kapazität und Selbstinduktion in Übereinstimmung oder Resonanz gebracht werden müssen und wollen nun sehen, wie die Verbindung oder Kopplung zwischen zwei in Resonanz befindlichen Kreisen hergestellt wird.

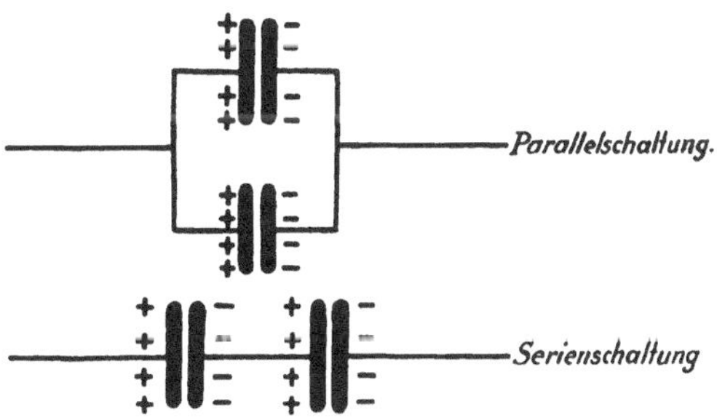

Fig. 53.

Befinden wir uns mit zwei gleich großen Booten auf einer ruhigen Wasserfläche in geringer Entfernung nebeneinander, und fangen an, ein Boot zu schaukeln, während das andere stille liegt, so werden die entstehenden Wellen dieses ebenfalls bald zum Schaukeln bringen. Kommt das erste Boot zur Ruhe, so wird es gleich darauf vom zweiten seine Energie zurückerhalten und wieder anfangen, während dieses jetzt einige Augenblicke stille steht. Dieser wechselseitige Energieaustausch hält solange an, bis die Kraft allmählich verbraucht ist.

Auch zwei gleiche an einer gemeinsamen Schnur hängende Pendel veranschaulichen uns den Vorgang der wechselseitigen Beeinflussung.

Ebenso können zwei aufeinander abgestimmte elektrische Kreise in wechselseitige Beziehung oder Kopplung treten. So strahlt die Antennenenergie, soweit sie noch vorhanden ist, in den Senderkreis zurück, sobald dessen treibende Kraft aufgehört oder nachgelassen hat.

Wir fragen uns nun, wie die Kopplung erfolgen kann.

Bringen wir zwei Induktionsspulen so dicht zusammen, daß sich ihre Kraftlinien schneiden, so nennen wir die Kopplung induktiv. Je mehr Kraftlinien geschnitten werden, um so fester ist sie. Daraus geht hervor, daß der Kopplungsgrad nicht nur von der Entfernung der Spulen, sondern auch von ihren Windungszahlen abhängig ist.

Die Einwirkung eines Senders auf den Empfänger ist auch nichts anderes, als eine induktive Kopplung durch den Äther. Nachstehendes Bild zeigt uns die induktive Kopplung eines Senders mit der Antenne.

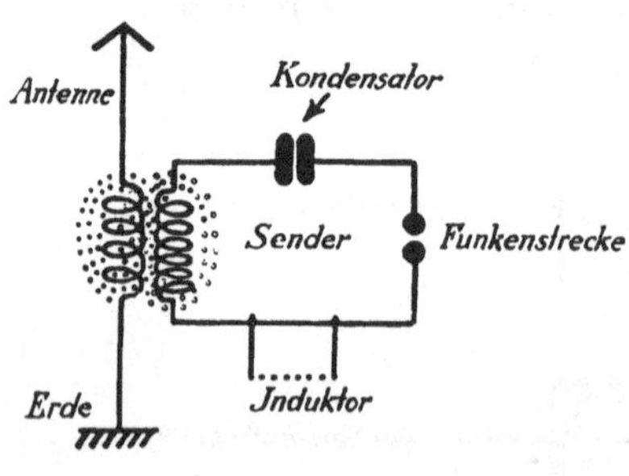

Fig. 54. Kraftlinien der induktiven Kopplung.

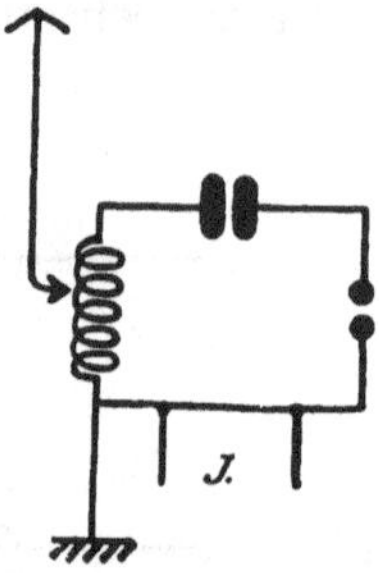

Fig. 55. Galvanische Kopplung.

Schließen wir einen Sekundärkreis an die beiden Enden eines im Primärkreise befindlichen hohen Widerstandes an, so haben wir eine direkte galvanische Kopplung. Je größer der Widerstand ist, um so mehr Energie wird in den gekoppelten Kreis fließen, weil sie den kürzeren Weg versperrt findet. Wir haben es daher in der Hand, durch Wahl eines entsprechenden Widerstandes die Kopplung beliebig fest oder lose zu gestalten.

Statt des Widerstandes können wir auch beide Kreise an eine gemeinsame Selbstinduktionsspule legen. Je mehr Windungen eingeschaltet sind, um so fester ist die galvanische Kopplung.

Legen wir zwischen beide Kreise einen gemeinsamen Kondensator, so stellt diese Kapazität die Wechselwirkung her. Wir bezeichnen diese Art als kapazitive Kopplung. Von der Größe des Kondensators ist die Festigkeit der Kopplung abhängig. Je größer die gemeinsame Kapazität ist, um so fester ist sie.

Da wir jetzt die Energiequellen, die Induktion, die Umformung durch Transformatoren, die Erzeugung der Ätherschwingungen, die Abstimmungselemente sowie die Kopplungsarten kennen, wollen wir uns das Prinzip eines Senders mit seinen vier Kreisen an einem Löschfunkensender noch einmal vor Augen führen.

Im ersten Kreis, dem Maschinenkreis, wird durch einen Wechselstromgenerator von 500 Perioden die elektrische Energie geliefert, die über eine Drossel durch einen Transformator auf eine so hohe Spannung hinauftransformiert wird, daß sie imstande ist, die Löschfunkenstrecke im Stoßkreis zu überspringen, wodurch die Schwingungen entstehen, welche im Abstimmungskreis durch die Kapazität des Kondensators in Verbindung mit der Selbstinduktionsspule in Übereinstimmung zur Eigenschwingung der Antenne gebracht werden, mit der eine induktive Kopplung besteht, so daß die Energie im offenen Antennenkreis in den Äther ausgestrahlt wird.

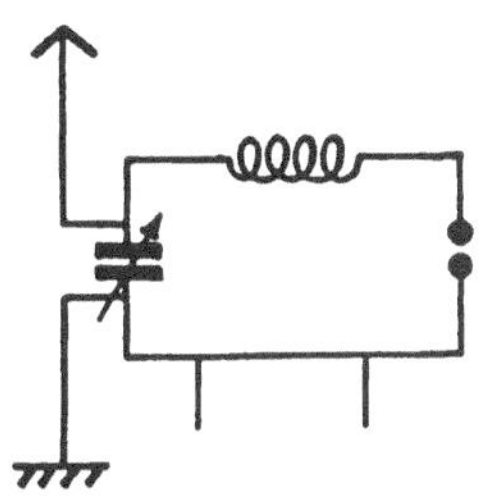

Fig. 56. Kapazitive Kopplung.

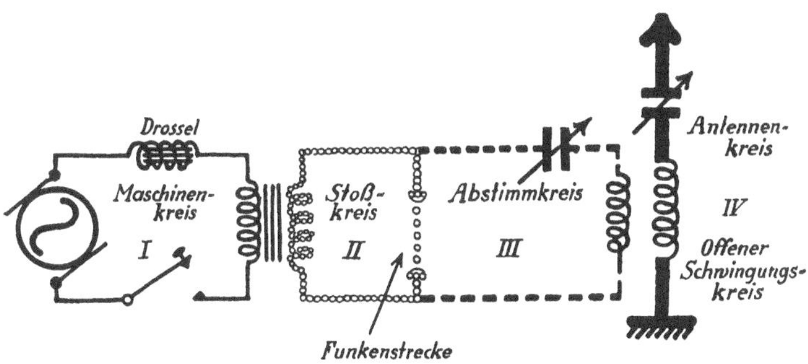

Fig. 57. Löschfunkensender.

Jedesmal, wenn man den Taster schließt, entsteht ein Stromstoß, der im Empfänger als Ton hörbar ist. Die Tonhöhe wird durch die Anzahl der Pole und die Umlaufgeschwindigkeit der Maschine bestimmt, welche auf den günstigsten Wert eingestellt werden kann.

Wie schon früher erwähnt, sind die Funkensender in letzter Zeit von den Hochfrequenzmaschinen verdrängt worden, weil man dadurch jetzt in der Lage ist, ungedämpfte Wellen auszusenden. Lassen wir daher auch die Anlage eines modernen Hochfrequenzmaschinensenders von Nauen folgen.

Der Maschinenkreis I liefert den erzeugten Strom von 6000 Perioden zunächst an einen gewöhnlichen Spannungstransformator, der den Wechselstrom von 450 auf 1900 Volt erhöht.

Im Stoßkreis II beginnt nun die Erhöhung der Frequenz, die durch jeden folgenden Transformator verdoppelt wird. Dieser Methode liegt ein bewundernswerter Gedanke zugrunde.

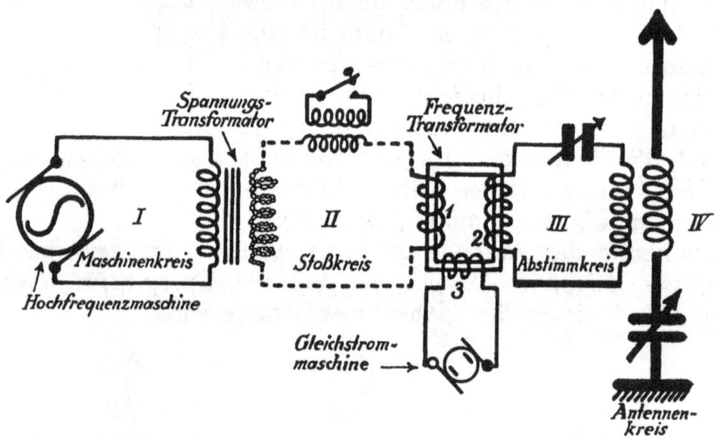

Fig. 58. Hochfrequenz-Maschinensender.

Zwei Spulen gleicher Windungszahl führen Wechselstrom, während die dritte von einer Gleichstrommaschine gespeist wird. Aus der zweiten Spule würde ein Wechselstrom gleicher Frequenz zu entnehmen sein, da beide gleiche Windungen haben, wenn nicht Spule 3 einen Gleichstrom von solcher Stärke enthielte, daß der eiserne Körper bis zur Sättigung magnetisiert würde. Hat der Wechselstrom dieselbe Richtung wie der Gleichstrom, so kann infolge der Sättigung doch keine weitere Magnetisierung des Eisens erfolgen, er übt also auf Spule 2 keine Wirkung aus. Nimmt er aber entgegengesetzte Richtung an, so wird die Magnetisierung geschwächt, sinkt er auf 0, so nimmt sie ihre alte Stärke an. Nun ist aber der Gleichstrom so geschaltet, daß er über den Eisenkern in umgekehrter Richtung zum

Wechselstrom fließt. Dadurch erfolgt in jeder Halbperiode ein Stromstoß, sodaß doppelt soviel Stöße als Perioden entstehen, die Frequenz also verdoppelt ist. Infolge mehrerer solcher Frequenz-Transformatoren kann Nauen gleichzeitig mit 4 verschiedenen Wellen senden, ohne die Umdrehungszahl der Maschine zu ändern.

Danach erfolgt die Abstimmung und Übertragung auf die Antenne in den Kreisen III und IV wie bei dem Löschfunkensender.

Von der weiteren Entwicklung der Hochfrequenzmaschine wird es abhängen, ob sie auch in Zukunft neben der neuesten Erfindung, dem Röhrensender, Bestand haben wird, der ungedämpfte Schwingungen von ausgezeichneter Gleichmäßigkeit hervorbringt.

Wenden wir uns daher im folgenden Abschnitt unserer Betrachtungen der Entstehung des Röhrensenders zu, dessen wichtigsten Bestandteil wir zunächst kennen lernen müssen.

14. Die Hochvakuum- oder Elektronenröhre.

Bei der Funkenstrecke hatten wir gelernt, daß Luft vollkommen isoliert und erst von einem Funken übersprungen wird, wenn die Spannung sehr hoch geworden ist. Für die Überbrückung eines Zwischenraumes von einem Zentimeter Breite sind bereits 36 000 Volt Spannung notwendig. Ist aber der Luftraum stark verdünnt, wie in den bekannten Geißlerschen Röhren, dann erfordert die Überwindung eine viel geringere Spannung.

Fig. 59. Geißlersche Röhre.

Ein solches Glasrohr, dessen Inneres ein luftverdünnter Raum bildet, hat an den Enden zwei Metallelektroden.

Legen wir eine Spannung daran, so werden die Luftatome sofort zersprengt, indem vom negativen Pol, der Kathode, unausgesetzt Elektronen, negativ geladene Teilchen, sehr geschwind davonfliegen. Durch den Zusammenprall mit den Luftmolekülen werden auch diese zertrümmert; es spielt sich derselbe Vorgang ab, durch den im Luftraum die neutralen

Teile in elektrisch geladene gespalten werden, d. h. die Luft ionisiert wird. Die frei gewordenen Elektronen führen den Strom hinüber zum positiven Pol, der Anode. Während die positive Elektrizität an einen verhältnismäßig schweren Atomkern gebunden ist, also niemals frei ohne Masse angetroffen wird, können die negativen Elektronen mit äußerster Beweglichkeit ihren Geschwindmarsch ausführen.

Da die Hauptstrahlung also von der Kathode ausgeht, werden die Röhren auch Kathodenröhren genannt, in denen Professor Röntgen die nach ihm bezeichneten Strahlen entdeckte, die an der Glaswand, über die der Elektronenstrom nicht hinauskann, ihren Anfang nehmen.

Gewöhnlich treten Elektronen nur bei sehr hoher Spannung aus. Bringen wir die Kathode zum Glühen, so werden die Ver-

Fig. 60.

hältnisse weit günstiger. Daraus ergibt sich, daß auch Wärme die Atome zerschmettert.

Fügt man zwischen Anode und Kathode eine dritte Elektrode in Form eines durchlochten Bleches oder einer Drahtspirale, so wird das Rohr zum Verstärker.

Unser Bild zeigt zwei an die Röhre gelegte Stromkreise. Die Kathode steht mit einer Heizbatterie, einer heißen Leitung, in Verbindung, die den Glühfaden, der gewöhnlich aus Wolfram besteht, zur Rotglut bringt. Eine zweite Stromquelle, die Anodenbatterie, liegt mit dem positiven Pol an der Anode, einem zylinderförmig gebogenen Blech, und dem negativen an der Kathode. Es ist eine kalte Leitung.

Schon bei einer Temperatur von 2000^0 beginnt der Elektronenaustritt. Die Elektronen, die negativen Teilchen, nach denen das Gerät auch als Elektronenröhre bezeichnet wird, werden von der positiven Anode aufgesogen. Die Geschwindigkeit, mit der dies geschieht, richtet sich nach der angelegten Anodenspannung.

Wir haben nun zu untersuchen, welche Rolle dabei das Gitter spielt. Zunächst bildet es ein mechanisches Hindernis, da es den Elektronen den Weg versperrt. Sie müssen durch die Maschen oder Windungen hindurch, wobei es sich negativ aufladen muß. Infolgedessen bildet es auch noch eine elektrische Bremse, da es durch seine negative Aufladung der saugenden Anode entgegenwirkt.

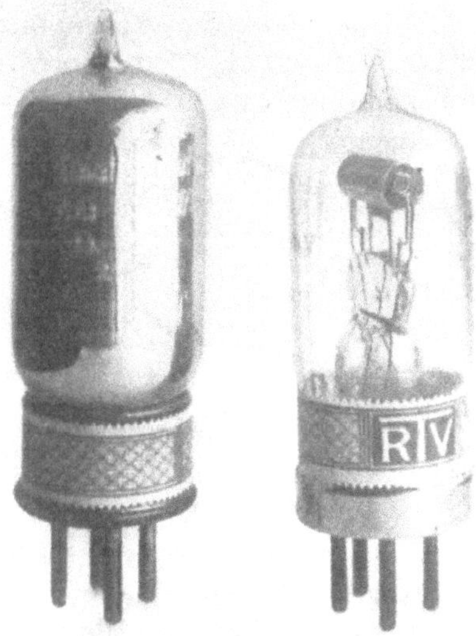

Fig. 61. Telefunkenröhren. Links: R. E. 79 verspiegelt mit Thoriumfaden; rechts: R. E. A. durchsichtig mit Wolframfaden.

Legen wir jetzt ein Mikrophon zwischen Gitter und Kathode, so übertragen sich seine Stromschwankungen, die je nach der Richtung die negative Gitterladung bald stärken bald schwächen. Die Folge ist, daß der Elektronenstrom der Röhre mehr oder weniger stark unterdrückt wird d. h. es entstehen im Anodenkreis dieselben Stromschwankungen wie im Mikrophon, nur mit dem Unterschied, daß die Amplituden viel größer sind. Durch eine Änderung der Gitterspannung hat man es also in der Hand, den Anodenstrom zu beschleunigen oder bis zum völligen Aufhören zu bremsen. Nur weil die Elektronenröhre keine mechanisch bewegten Teile besitzt und nur mit Elektronenwolken arbeitet, vermag sie den schnellsten Schwingungen aufs genaueste zu folgen.

Würden wir den Mikrophonstrom unmittelbar, ohne Zwischenschaltung einer Röhre, auf ein Telephon wirken lassen, so könnten wir uns überzeugen, wie schwach die ankommenden Stromschwankungen sind, daß sie kaum die Schallplatte zu erregen vermögen. Die Elektronenröhre bildet also ein Vorspann oder Relais, das die Amplituden durchschnittlich fünfzehnfach verstärkt. Die Anwendung der Elektronenröhre bei den verschiedenen Arten der Verstärkung werden wir später in einem besonderen Abschnitt kennen lernen.

Tragen wir die Gitterspannungen in Volt auf einer wagerechten Achse, der Abszisse, sowie die Elektronenstromwerte auf einer Senkrechten, der Ordinate, ab, so heißt die Linie oder Kurve, welche die Abhängigkeit des Anodenstromes von der Gitterspannung anzeigt, Charakteristik.

Addieren wir die Werte von Gitterstrom und Anodenstrom, so erhalten wir den Emissionsstrom, dessen Verlauf die Emissionskennlinie anzeigt.

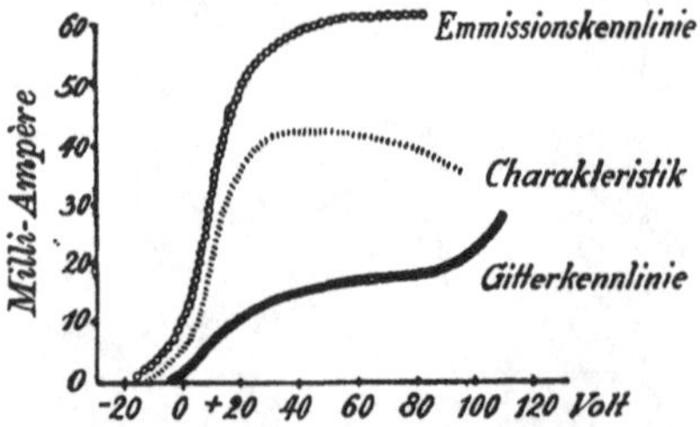

Fig. 62. Kurventafel zur Röhrencharakteristik.

Der innere Widerstand besteht in der Überwindung des Luftwiderstandes zwischen Kathode und Anode.

Mit Durchgriff bezeichnet man die Größe der Kraft, mit der die Anode durch das Gitter hindurch den Elektronenaustritt beeinflußt. Ohne Gitter würden die Elektronen mit der ganzen Kraft der Anodenspannung aufgesogen. Infolge der mechanischen und elektrischen Gitterbremse kann aber nur ein Bruchteil dieser Kraft wirken; er wird daher in Prozenten angegeben.

Wird der Wolframfaden mit einem Oxyd der Erdmetalle Kalzium, Barium, Iridium, Strontium oder Thorium überzogen, so erhält man bei gleicher Anodenspannung einen etwa fünfmal so großen Emissionsstrom, weil diese Oxyde den Elektronen den Austritt aus dem Glühfaden bedeutend erleichtern. Diese Röhren zeichnen sich durch geringen Heizstromverbrauch aus und werden deshalb Sparröhren genannt. Zur Aufrechterhaltung des hohen Vakuums sind die Glaskolben innen durch einen Metallüberzug verspiegelt.

Die auf den Röhren angegebene Heizspannung darf nicht überschritten werden, da sonst der Oxydüberzug des Fadens verdampft, wodurch zwar die Lautstärke infolge erhöhter Emission kurze Zeit zunimmt, sich jedoch bald die Unbrauchbarkeit herausstellt, auch wenn der Glühfaden noch nicht durchgebrannt ist. Eine vorsichtige Steigerung der Heizung wird erst dann notwendig, wenn nach monatelanger Benutzung die Emission der Röhre nachgelassen haben sollte. Um bei der schwächsten Heizung einen möglichst guten Empfang zu erzielen, empfiehlt es sich, die Einstellung des Heizwiderstandes stets unter Zuhilfenahme des Kopfhörers vorzunehmen und sorgfältig darauf zu achten, von welchem Heizgrade ab nur noch eine geringe Verbesserung der Empfangslautstärke wahrnehmbar ist. Im Interesse der Lebensdauer der Röhre geht man wieder etwas zurück.

Fig. 63. Ultra-Sparröhre.

Haben wir die Elektronenröhre bisher nur als Verstärker kennen gelernt, so werden wir jetzt erfahren, wie sie auch als Detektor oder Gleichrichter und als Schwingungserzeuger gleich gut zu verwenden ist.

Die Gleichrichterwirkung der Elektronenröhre bei ihrer Verwendung als Detektor oder Audion beruht darauf, daß nur bei positiver Gitterladung Elektronen von der Kathode zur Anode gelangen können, bei zunehmender negativer Ladung dagegen sofort eine Drosselung des durchgehenden Stromes eintritt. Es ist die bekannte elektrische Bremswirkung, die wir schon beschrieben haben.

Die im Gitter ankommenden Hochfrequenzschwingungen sind Wechselströme, die ihm fortgesetzt abwechselnd eine positive und negative Aufladung erteilen.

Verfolgen wir nun einmal solche Wechselschwingungen in ihrer Auswirkung auf das Gitter und den Anodenkreis, indem wir mit der positiven Aufladung beginnen. Sofort heben die von der Kathode anprallenden Elektronen die positive Ladung auf und erteilen dem Gitter darüber hinaus einen negativen Charakter, weil sie im Übergewicht vorhanden sind. Nach erfolgtem Stromwechsel trifft negative Antennenenergie ein. Da bereits gleichartiger Elektronenstrom vorhanden ist, wird die neue Aufladung noch negativer. Jetzt kann das Gitter von der Kathode keine weiteren Elektronen aufnehmen, der Anodenstrom wird schwächer, elektrisch gebremst oder gedrosselt. Die nun folgende positive Aufladung von der Antenne her kann nicht so hoch ansteigen wie die vorige, weil jetzt reichlich negative Elektronen vorhanden sind, sie wird sofort wieder neutralisiert. Die hierbei aufgebrauchten negativen Elektronen ergänzen sich ebenso schnell aus der Kathode.

So schwingt die Ruhespannung des Gitters immer weiter ins Negative. Damit wird auch der Anodenstrom stärker gebremst. Mit dem nächsten Stromwechsel trifft neue negative Antennenladung dazu, die Gitterspannung sinkt noch mehr. Sie kann nicht rückwärts abfließen, weil der Weg durch einen Blockkondensator verriegelt ist. Hat sie jedoch eine bestimmte Höhe erreicht, daß sie den vorgeschalteten hohen Silitwiderstand überwinden kann, so gleicht sie sich zur Kathode hin aus. Der Anfangszustand der Röhre ist wieder hergestellt. Je hochohmiger der Silitstab gewählt wird, desto mehr wächst der negative Charakter des Gitters bis zum Abfließen der Aufladung an. Auf diese Weise läßt sich die größte Empfangslautstärke leicht ermitteln. Ob der Ableitewiderstand parallel zum Audionkondensator oder mit einem Pol direkt an der Kathode liegt, ist ganz gleichgültig, da der zu überwindende Spulenwiderstand gegen den hochohmigen Silitstab vollständig verschwindet.

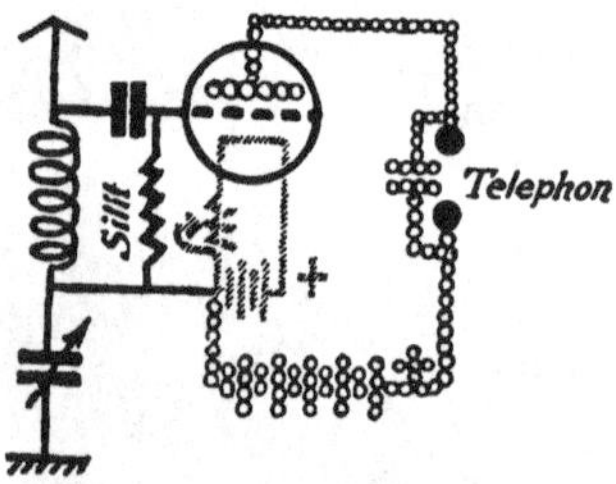

Fig. 64. Einfaches Audion.

Das fortgesetzte Spiel der Gitteraufladung und deren Abfluß vollzieht sich mit ungeheurer Geschwindigkeit je nach der eintreffenden Senderfrequenz, die im Telephon den entsprechenden Ton hören läßt. Zum Abfangen der dem Anodengleichstrom sich stets überlagernden hochfrequenten Schwingungen dient ein dem Telephon parallel geschalteter Blockkondensator.

Die hervorragendste Eigenschaft der Elektronenröhre ist die eigene Schwingungserzeugung, die sie nicht nur als Senderöhre, sondern auch zum Empfang ungedämpfter Wellen befähigt. Wie das möglich ist, soll uns folgende Betrachtung lehren.

Führt man die im Anodenkreis nutzlos schwingende Hochfrequenzenergie, welche dem Telephon über den parallel geschalteten Block ausweicht, dem Gitter wieder zu, so werden die bereits verstärkten Schwingungen nochmals verstärkt. Die Rückwirkung dieser Verstärkung in das Gitter ruft wiederum eine Steigerung hervor, bis dieses fortgesetzte Aufschaukeln der Energie seinen Grenzwert erreicht hat, der von der Höhe der angelegten Anodenspannung abhängig ist. Man nennt dieses rückwärtige Übertragen der Anodenschwingungen auf das Gitter Rückkopplung. Sie kann induktiv und kapazitiv erfolgen.

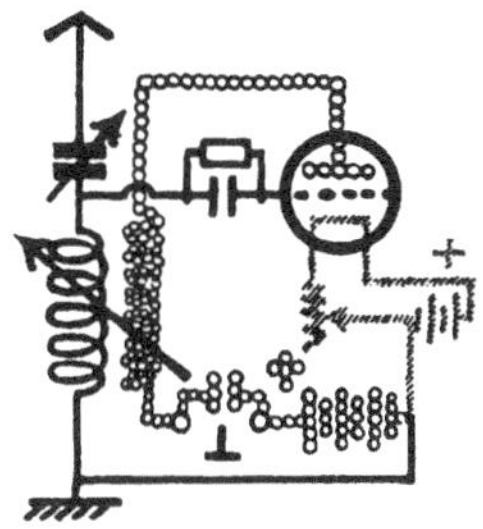

Fig. 65. Induktive Rückkopplung.

Die nebenstehende Universalschaltung für alle Wellen bis zu 10000 m stammt von Meißner-Telefunken. Bei längeren Wellen muß der Empfänger zur Erzeugung eines genügend hohen Tones zu stark verstimmt werden.

Fig. 66. Empfangsapparat. Vorn sichtbar: Drehknöpfe der Kondensatoren und Rückkopplung, sowie Unterbrecher; links: Heizwiderstand.

Die kapazitive Rückkopplung ist um so fester, je größer die im Anodenkreis liegende Kapazität ist; sie wird also durch den Drehkondensator eingestellt. Dabei muß jede kapazitive Beeinflussung durch den Körper unbedingt vermieden werden. Sehr wirksam ist hiergegen die elektrische Panzerung, die mit Hilfe eines geerdeten Metallbleches die empfindlichen Teile von der inneren Vorderwand trennt. Der Telephonkondensator fällt hier fort, da die dem Anodenkreis überlagerten hochfrequenten Schwingungen dem Gitter wieder zugeführt werden.

Durch jede Rückkopplungsart kann man im Empfänger bis zu 99% Schwingungsenergie selbst erzeugen, so daß die

Fernwirkung nur noch 1% der notwendigen Kraft zu leisten hat. Dem Energieverlust durch den Widerstand der Antennendrähte und des Empfangsapparates wird also entgegengewirkt; diese Dämpfung kann bis auf 0 reduziert, zurückgeführt, werden. Dieser Zustand ist bei der größten im Telephon wahrnehmbaren Lautstärke erreicht. Geht man jetzt zu noch festerer Rückkopplung über, so schaltet man die zur Anregung des Empfängers dienende geringe Schwingungsenergie des Senders völlig aus, die Lautstärke nimmt ab, es entsteht ein Selbstschwingen des Elektronenrohres mit einer Welle, deren Frequenz durch Kondensator mal Induktionsspule oder das Produkt von Kapazität und Selbstinduktion bestimmt ist. Bei einer Außenantenne strahlt diese Energie im Umkreise von 3 bis 20 km aus und stört dadurch den Empfang der Nachbarstationen.

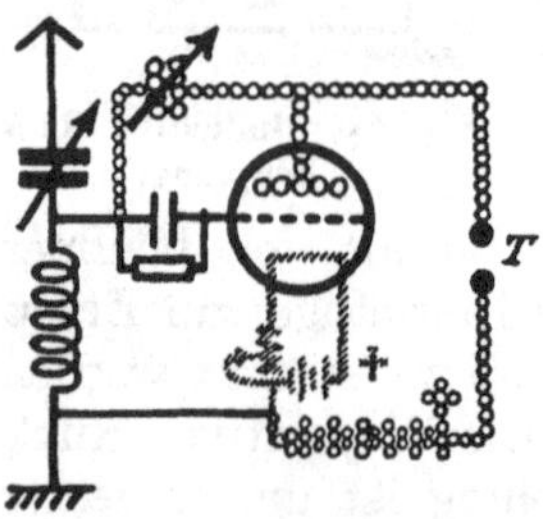

Fig. 67. Kapazitive Rückkopplung.

Die Erzeugung derartiger Antennenschwingungen ist unbedingt zu vermeiden.

Deshalb verlangt die Telegraphenverwaltung Kenntnis der Empfangstechnik und Ablegung einer Prüfung zur Erlangung der Audions-Versuchserlaubnis für solche Rundfunkteilnehmer, die selbstgebaute Röhrenapparate mit Rückkopplung verwenden. Diese Maßnahme allein schließt natürlich mutwillige Störungen nicht aus, so daß eigentlich bei der Erteilung der Genehmigung mehr auf moralische Qualifikation gesehen werden müßte.

Die Strahlung einer Innenantenne ist bedeutend geringer und stört höchstens im Umkreise von 100 Metern.

Wir haben durch die Rückkopplung bereits das Prinzip der Schwingungserzeugung mit Hilfe der Elektronenröhre kennen gelernt und wollen nun die Anlage des Röhrensenders selbst betrachten.

Vorläufig ist es noch nicht möglich, die Leistung einer Röhre über 5 Kilowatt zu erhöhen, da auf ihrem einen Meter hohen Glase bereits ein Druck von 10 000 kg lastet. Die Lebensdauer würde auch kaum 1000 Brennstunden erreichen, so daß die hohen Kosten bei weitem nicht ausgenützt würden. Man bevorzugt deshalb die Parallelschaltung mehrerer kleinerer Röhren zur Erlangung einer höheren Sendeenergie. Die stärksten Anlagen arbeiten heute bei 10 Kilowatt Leistung mit 5—10 Röhren. Zur Beheizung dient eine Wechselstrommaschine, die den Faden am gleichmäßigsten erhitzt. Zur Anodenspannung sind 200—20 000 Volt Gleichstrom nötig. Da ein ruhender Transformator nur Wechselströme umformt, die Gleichstrommaschine eine so hohe Spannung wegen der Isolationsschwierigkeiten nicht erzeugen kann, so verwendet man eine Wechselstrommaschine, deren Spannung durch Transformatoren auf die nötige Höhe gebracht und dann gleichgerichtet wird. Bei kleineren Sendern von 200—400 Volt wird

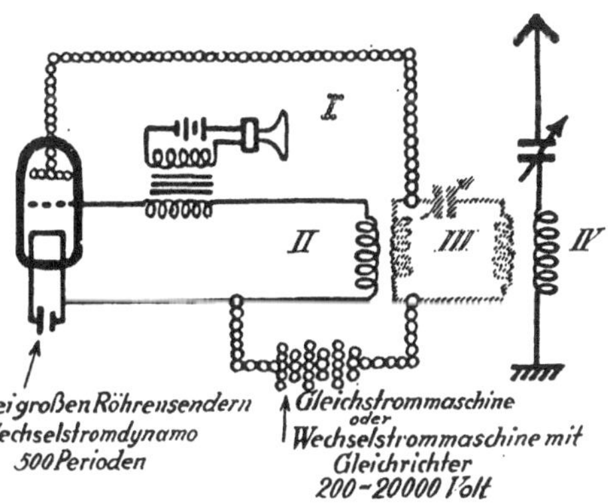

Fig. 68. Telephonie-Röhrensender.

die Anodenspannung durch Akkumulatoren bzw. Gleichstrommaschinen geliefert.

Am Gitterkreis liegt mittelst eines Transformators oder einer Induktionsspule ein Mikrophon. Befindet sich dieses im Ruhezustande, so sendet die Röhre fortgesetzt ungedämpfte Wellen von stets gleicher Amplitude aus. Wird dagegen die Schallplatte durch dagegenprallende Luftschwingungen erschüttert, so ändern sich sofort die Schwingungshöhen, weil die elektrischen Stromstöße auf den Gitterkreis übertragen werden und hier eine mehr oder weniger bremsende Wirkung üben. Infolgedessen strahlt die Antenne fortgesetzt eine andere Amplitude, die in der Empfangsantenne die gleiche Art der Energiepulsationen hervorruft. Sie werden hier zum Telephon übertragen, dessen Membran dieselben Schwingungen ausführt wie die Schallplatte des Sendermikrophons.

Der Telegraphiesender hat an Stelle des Aufnahmeapparates eine Taste, die durch Stromschluß einen kurzen oder langen Ton nach den Zeichen des Morsealphabets im Telephon des Empfängers hörbar macht.

Die Länge der ausgestrahlten Wellen des Röhrensenders wird lediglich durch Kapazität und Selbstinduktion bestimmt, die also leicht abstimmbar ist. Mit der Gleichmäßigkeit von Frequenz und Amplitude der ungedämpften Strahlung ist keine andere Senderart vergleichbar. Die feine und leichte Abstimmung verbirgt eine große Störungsfreiheit. Nur hierdurch gelang es, so viele drahtlose Stationen in geringster Entfernung voneinander an den Fronten während des Weltkrieges gleichzeitig arbeiten zu lassen.

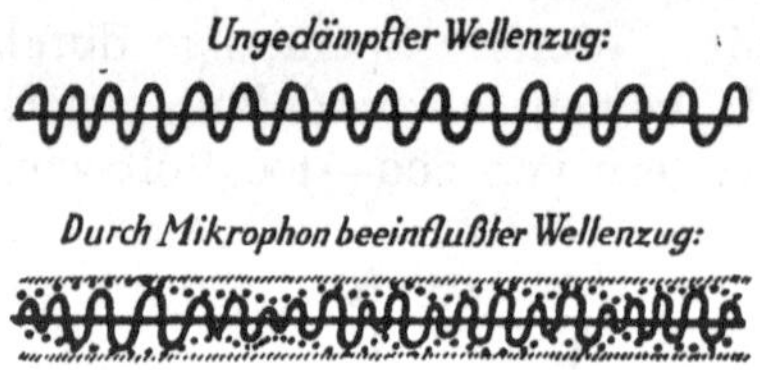

Fig. 69. Wirkung des Mikrophons bei der drahtlosen Telephonie.

Der erste Röhrensender wurde im Jahre 1915 von der Telefunken-Gesellschaft zwischen Seegefeld und Fürstenbrunn bei Berlin auf eine Entfernung von 15 km in Betrieb gebracht. Heute ist die Verwendung allgemein, überwiegend allerdings für Telephonie.

15. Der Schwebungsempfang.

Wir haben bereits erfahren, daß gedämpfte Wellenzüge wohl für die Zeichengebung der Telegraphie ausreichen, aber für die Telephonie nicht geeignet sind, da Sprache und Musik nur bruchstückartig und verzerrt hörbar werden, schlimmer als bei einer Drahtleitung, die während eines Gespräches dauernd unterbrochen wird. Daher war ja das Streben der Ingenieure darauf gerichtet, in gleicher Stärke ununterbrochene fortlaufende ungedämpfte Wellen zu erzeugen. Läßt man diese aber ohne weiteres auf einen Empfangskreis wirken, so tritt unter dem Einfluß der unablässigen Gitteraufladung und Abstoßung der überflüssigen Energie über den Silitstab der Gleichgewichtszustand in so schneller Folge ein, daß er sich in keiner Weise bemerkbar macht, da die Schallplatte des Telephons doch nicht schwingen kann, weil sie 30 000—100 000 Hochfrequenzanstößen in der Sekunde nicht zu folgen vermag. Sollen ungedämpfte Wellen hörbar werden, so müssen die Empfangsanlagen so eingerichtet sein, daß sie der gleichmäßig dahinfließenden Hochfrequenz eine niederfrequente Gruppenteilung aufprägen.

Man benützte anfangs einen Selbstunterbrecher, den sogenannten Ticker, später eine Schleifvorrichtung dazu, den fortlaufenden Wellenzug künstlich zu zerhacken, um zur Übermittlung eines Telegraphiezeichens einen Ton hörbar zu machen. Jetzt besitzen wir gegen dieses grobe mechanische das denkbar zarteste Mittel, fortlaufende Wellenzüge in Gruppen zu zerlegen, in dem Schwebungs-, Interferenz- oder Überlagerungsempfang.

Bringen wir zwei Orgelpfeifen von ungleicher Tonhöhe mit auseinanderliegenden Schwingungszahlen gleichzeitig zum Klingen, so hören wir deutlich jeden einzelnen Ton heraus; denn die verschieden langen Wellen beeinträchtigen sich nicht. Wird aber von zwei gleichen Pfeifen eine nur ein wenig verstimmt, so vernimmt unser Ohr nur ein fortgesetztes An- und Abschwellen eines Tones.

Macht die richtige Orgelpfeife 800, die verstimmte 804 Schwingungen, so ist die erste nach $^1/_8$ Sekunde bei 100, die andere bei $100^1/_2$ angelangt, so daß Wellenberg und Wellental zur Deckung kommen, d. h. die Amplituden vermindern sich gegenseitig, wodurch die Tonstärke abnimmt. Nach $^1/_4$ Sekunde dagegen sind 200 bzw. 201 Schwingungen vollendet. Beide setzen jetzt zu gleicher Zeit ein. Infolge des geringen Unterschiedes ihrer Wellenlängen fallen die Amplituden zusammen, wir hören einen lauten Ton. Dies wiederholt sich nach $^1/_2$, $^3/_4$ und 1 Sekunde, findet also in dieser Zeit viermal statt.

Dieses taktmäßige An- und Abschwellen, welches durch Übereinstimmung und Verschiebung der ungleichen Wellenbewegung nach gewissen Zeitabschnitten zustande kommt, nennen wir Schwebung.

Die Differenz der beiden verschiedenartigen Schwingungen gibt uns demnach die Anzahl der sekundlichen Schwebungen an.

Bei elektrischen Ätherwellen entsteht eine völlig gleichartige Wirkung. Erzeugt der Sender 50 000, der Empfänger durch Einstellung von Kapazität und Selbstinduktion 51 000, die sich mit Hilfe der Rückkopplung der Empfangsantenne überlagern, daher Überlagerungsempfang, so entstehen aus den Hochfrequenzschwingungen 1000 Schwebungen, die nun einen Gruppenwellenzug mit der hörbaren Frequenz 1000 bilden, während sowohl 50000 als auch 51000 Stromstöße kein Telephon bewegen können. Die Hörbarkeitszone liegt bekanntlich zwischen 20 Schwingungen und 10000. Dabei hört das Ohr die einzelnen 1000 Schwankungen des Anodenkreises als einzigen zusammengefaßten Stromstoß, weil es infolge seiner Trägheit, ebenso wie die Schallplatte des Telephons, den schnellen Einzelschwingungen nicht zu folgen vermag.

Überlagern wir bei 50000 ankommenden Schwingungen durch Drehung des Kondensators 52000, so hören wir 2000 Schwebungen, also den um eine ganze Oktave höheren Ton als bei den Frequenzen 50000 und 51000 bzw. 49000. Diese Möglichkeit der Veränderung der Tonhöhe ist wertvoll für die Ausschaltung von Störsendern.

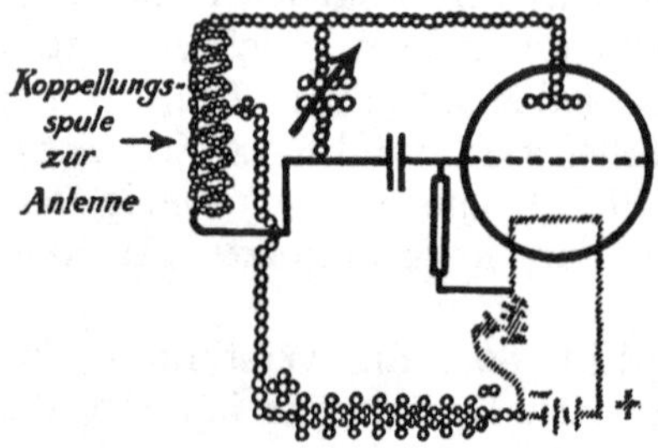

Fig. 70. Überlagerer.

Arbeitet ein solcher mit der Frequenz 100000, so besteht zwischen ihm und der eigenen Überlagerung eine Differenz von 48000 Schwebungen, die nicht in der Hörbarkeitsgrenze liegen. Er bleibt so völlig stumm, als wäre er gar nicht im gleichen Äthermeer vorhanden. Würde er seine Frequenz auf 60000 verringern, so betrüge die Schwebungsdifferenz 8000, die einen hohen störenden Ton ergibt. Überlagern wir jetzt infolgedessen statt 52000 die Frequenz 48000, so bleibt für den aufzunehmenden Sender die gleiche Differenz von 2000, also die gleiche Tonhöhe bestehen, während der Störsender mit unsern überlagerten Antennenschwingungen jetzt 12000 Schwebungen hervorbringt, die nun ausgeschaltet sind.

Zum Empfang von Wellen über 5000 m bringen wir einen gesonderten Hilfssender oder Überlagerer an, weil wir ohne ihn die Apparatur zu sehr verstimmen müßten, um einen genügend hohen Interferenzton zu erhalten. Bei kürzeren Wellen dagegen können wir dieselbe Röhre, mit der wir gleichrichten und verstärken, auch zur Schwingungserzeugung der

Überlagerungswelle benützen. Der Überlagerer findet nicht nur zum Interferenzempfang, sondern auch zu sehr genauen Wellen- und Kapazitätsmessungen usw. Verwendung.

Solange unser Empfänger mit Überlagerungswellen arbeitet, tritt ein Ertönen des Telephons nur dann ein, wenn vom Sender Schwingungen ankommen. Unser Überlagerer allein ergibt ja nur unhörbare Hochfrequenz. Somit bleibt also die Hervorbringung der Töne in den Händen des Sendenden.

Das Zusammenwirken von Wellen verschiedener Länge bezeichnet die Physik als Interferenz. Aus diesem Grunde nennt man den Überlagerungs- oder Schwebungsempfang auch Interferenzempfang. Er wurde im Jahre 1907 von dem Amerikaner Fessenden eingeführt.

16. Der Niederfrequenzverstärker.

Von entfernten Sendern gelangt nur so schwache Energie in die Empfangsantenne, daß sie im Verein mit den Überlagerungswellen nur geringe Schwebungen hervorbringt, die mit ihren kraftlosen Stromstößen die Telephonmembrane nicht zum Tönen veranlassen.

Auf weite Fernsicht nehmen wir oft ein Glas zu Hilfe,

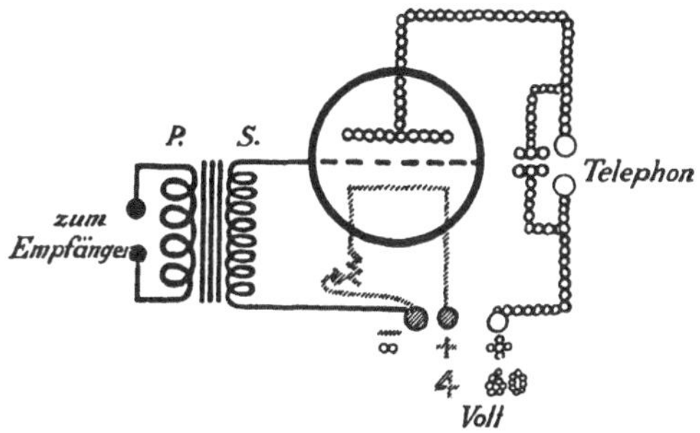

Fig. 71. Einfacher Niederfrequenzverstärker.

weil die von dem entfernten Objekt ausgehenden Lichtwellen des Äthers so zerstäubt sind, daß sie die Netzhaut unseres Auges nicht mehr zu erregen vermögen. Da entdecken wir z. B. vom Schiff aus einen Küstenstreifen, den wir mit dem bloßen Auge gar nicht sahen. Auch für die elektrischen Ätherbewegungen haben wir ein solches Fernrohr in der Verstärkerwirkung der Elektronenröhre.

Leitet man die Telephonströme des Empfängers in die Primärspule eines Transformators, dann entstehen in der Sekundärwickelung je nach dem Windungsverhältnis erhöhte Wechselspannungen, die man sowohl dem Gitter als auch der negativen Kathode der Elektronenröhre zuführt.

Durch diese Spannungsänderung überlagern sich dem Anodenstrom entsprechend verhältnisgleiche Wellen mit verstärkter Amplitude, welche direkt im Telephon oder über einen Ausgangstransformator abgehört werden können. Die letzte Anordnung hat den Vorteil, daß die hohe Anodenspannung nicht unmittelbar am Telephon liegt, wodurch die dünnen Drähte der Magnetwicklung durchschlagen werden können, wenn der Widerstand zu gering ist.

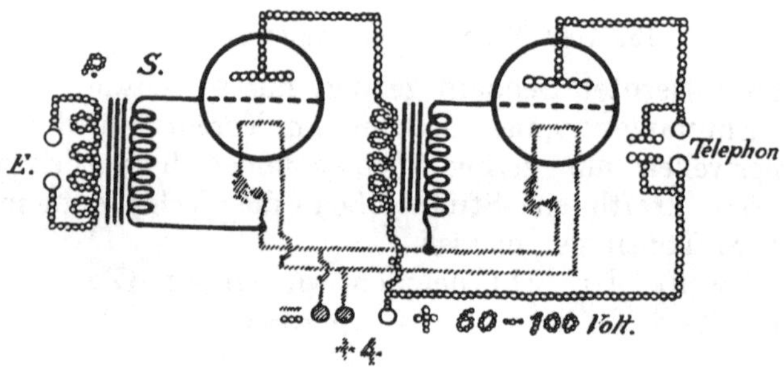

Fig. 72. Zweifach-Niederfrequenzverstärker.

Wir haben es bei dieser Anordnung mit einem Niederfrequenzverstärker zu tun, da die sekundliche Zahl der Stromschwankungen, deren Amplitude nur erhöht wird, nur gering ist; denn es fließen vom Empfänger nur die mit Hilfe des Überlagerers erzeugten niederfrequenten Schwebungen zu. Reicht eine Verstärkerröhre noch nicht aus, so führt man den Strom noch einmal in das Gitter einer zweiten oder dritten Röhre und entnimmt jedesmal dem Anodenkreis den neuen verstärkten Strom. Über drei Niederfrequenzstufen geht man praktisch nicht hinaus, weil sonst leicht Pfeifen eintritt. Zeigt sich dies schon bei weniger Röhren, so polt man entweder die Primär- bzw. Sekundäranschlüsse des Transformators um, oder vermindert die Heizung der ersten Röhre. Alle Glühfäden liegen parallel an einem Akkumulator, ebenso alle Anodenanschlüsse an der gleichen Anodenbatterie.

Fügt man zwischen die beiden Anodenkreise drei Steckbuchsen, so kann man durch Umstecken eines Kurzschließers die zweite Stufe außer Betrieb setzen, also die erste Verstärkerröhre allein benützen. Siehe Schaltbild des Dreifach-Niederfrequenzverstärkers.

Fig. 73. Eingebauter zweifach Niederfrequenzverstärker. Vorn sichtbar: Knöpfe der Heizwiderstände und Hebelausschalter.

Das Übersetzungsverhältnis der Transformatoren sei nicht zu hoch, damit das unschöne Verzerren von Sprache und Musik vermieden wird. Vorteilhaft wähle man für eine Röhre allein 1 : 4 bis 1 : 6, bei Verwendung von zwei Verstärkerstufen 1 : 5 und 1 : 3 oder auch 1 : 6 und 1 : 4, für den Dreifach-Niederfrequenzverstärker 1 : 6, 1 : 4 und 1 : 3.

Auch bei dieser Anordnung können zwei Stufen ausgeschaltet werden, wenn die Anodenanschlüsse, wie oben sichtbar, an je drei Steckbuchsen gelegt werden. Die geringelten Bogen für das Stecken der beiden Kurzschließer bezeichnen die Benutzung sämtlicher Verstärker-

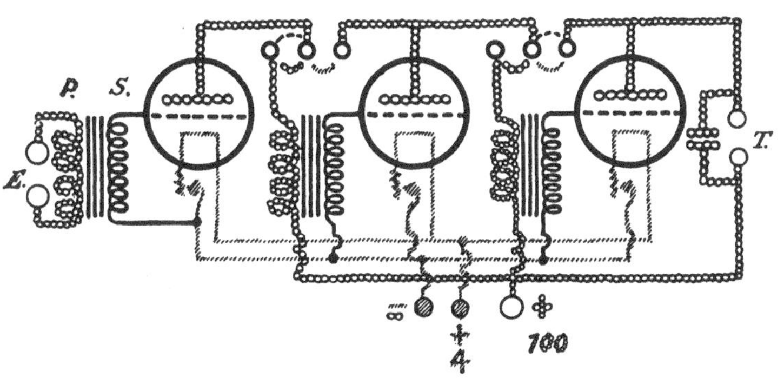

Fig. 74. Dreifach-Niederfrequenzverstärker.

stufen, die punktierten schwarzen nur die beiden ersten und die gestrichelten eine Stufe allein. Werden Telefunkenröhren verwendet, so wähle man z. B. R. E. 79, als Endverstärkung dagegen ein Rohr mit höherer Emission, z. B. R. E. 89. Man erhält hierdurch eine tausendfache Verstärkung.

Zu beachten ist, daß sämtliche Röhrenheizwiderstände stets in die negative Leitung gelegt werden, weil durch den Spannungsabfall innerhalb des Widerstandes die notwendige negative Gitteraufladung erhöht wird.

Geringe Verzerrungen von Sprache und Musik sind unvermeidlich. Sie haben ihren Grund in dem Eisenkern des Transformators, der eine gewisse Kapazität besitzt und in Verbindung mit seiner Selbstinduktionswicklung zu Eigenschwingungen neigt. Die Wicklung ist meist schon so gewählt, daß die Eigenschwingung im Bereich von etwa 1000 Perioden

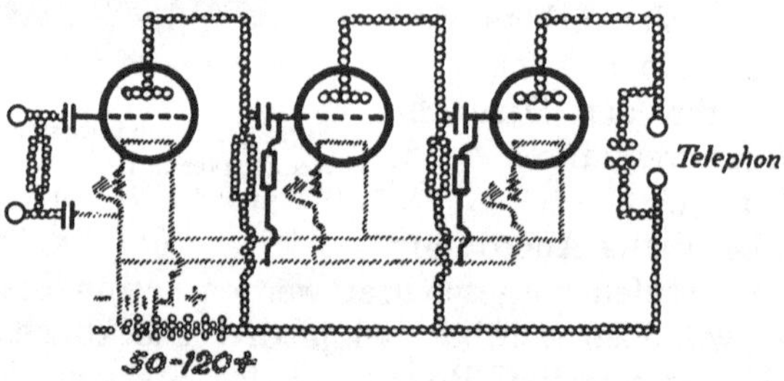

Fig. 75. Niederfrequenzverstärker mit Widerstandskopplung.

liegt. Alle Töne, deren Frequenzen dieser Eigenschwingung nahe kommen, werden demnach besser verstärkt, alle andern weniger gut. Diese Verschiedenheit hat aber solange geringe Bedeutung, als sie sich in niederen Grenzen hält.

Eine ganz vorzügliche verzerrungsfreie Wiedergabe von Sprache und Musik erhält man durch Widerstandskopplung. Der Anodenstrom muß eine Mindestspannung von 50 Volt erhalten, weil die eingeschalteten Widerstände eine erhebliche Schwächung bewirken. Ihre Größe schwankt je nach der verwendeten Röhre zwischen 70 000 und 1 000 000 Ohm. Als sehr wirkungsvoll haben sich die nach Professor G. Leithäuser konstruierten Hochohmwiderstände erwiesen. (Fabrikat der Owin G. m. b. H., Hannover, Arndstr. 21). Die im Gitterkreis liegenden Blockkondensatoren haben eine Kapazität von etwa 300 cm.

Da es sich nicht um Strom-, sondern Spannungsübertragungen handelt, ist eine kurze Leitungsführung mit vorzüglicher Isolation erforderlich.

Die Leistung eines Verstärkers mit Widerstandskopplung beträgt etwa 75% von der eines Transformatorenverstärkers.

17. Der Hochfrequenzverstärker.

Von einem sehr weit entfernten Sender kann wohl noch ein schwacher Hauch von Schwingung in der Antenne vorhanden sein, der jedoch nach der Gleichrichtung nicht mehr zur Wirkung kommt, also gleich Null ist.

Hier nützt auch eine tausendfache Verstärkung nichts mehr, denn Null in Verbindung mit jedem beliebigen und noch so großen Faktor gibt immer wieder Null. Wir müssen daher die hochfrequenten, im Bereich von 15000 bis 1000000 Perioden liegenden Schwingungsamplituden so verstärken, daß sie noch imstande sind, das Gitter der Gleichrichterröhre zu steuern.

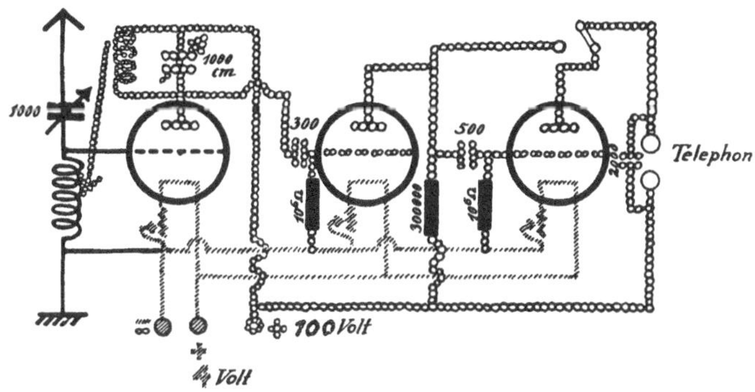

Fig. 76. Hochfrequenzverstärker mit abstimmbarem Anodenkreis.

Wollen wir dies erreichen und die Gleichrichtung im ersten Rohr verhindern, so haben wir nur nötig, den Antennenstrom direkt oder über einen Block ohne den Ableitungswiderstand ins Gitter zu führen. Dafür legen wir in die Anode entweder einen abstimmbaren Kreis oder einen hochohmigen Widerstand. Welche der beiden Arten man anwenden muß, hängt davon ab, ob wir kurze und mittlere oder lange Wellen aufnehmen wollen. Bis zu 4000 m wird man den abstimmbaren Anodenkreis wählen, darüber hinaus bis 25000 m dagegen die hierfür wirksame Widerstandskopplung.

Transformatoren kommen für die Übertragung der Energie von Rohr zu Rohr nicht in Betracht, weil der hochfrequente Wellenbereich weit ausgedehnter ist, als der hörbare Tonbereich.

Um kapazitive Nebenschlüsse zu vermeiden, ist es nötig, alle Verbindungen, besonders die Gitterzuleitungen, so kurz wie irgend möglich, bestens isoliert und verschiedene Kabel nur rechtwinklig kreuzend, nicht parallel anzulegen, weil sie sonst die Wirkung eines Kondensators annehmen, also einen kapazitiven Nebenschluß darstellen. Alle als Audion geeigneten Röhren sind auch für die Hochfrequenzverstärkung zu verwenden. Jedoch ist ihr innerer Widerstand verschieden. Von

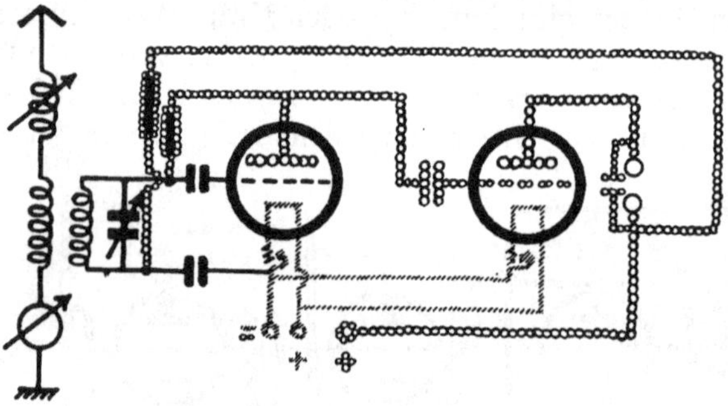

Fig. 77. Hochfrequenzverstärker mit Widerstandskopplung. Nach Prof. Leithäuser.

ihm und der Steilheit der Charakteristik hängt aber hauptsächlich beim ersten Rohr der Verstärkungsgrad ab. Man ermittele daher durch Vertauschen der zur Verfügung stehenden Röhren diejenige mit der besten Wirkung. Als Endrohr ist auch ein solches mit erhöhter Emission zu nehmen. Aus der Schaltung des Hochfrequenzverstärkers (Fig. 76) ist ersichtlich, daß mit einem Kurzschließer das dritte Rohr auszuschalten ist. In diesem Falle ist dann das mittlere gleichzeitig als Verstärker und Audion wirksam.

Eine vorbildliche Anordnung für die Widerstandskopplung gibt uns Professor Leithäuser, die sich durch äußerst störungsfreies Arbeiten auszeichnet, indem Eigenschwingungen der Röhren vermieden werden. Dieser häufig eintretende Übelstand ist dadurch beseitigt, daß der Anodenkreis durch zwei

Hochohmwiderstände mit dem Empfangskreis gekoppelt wird. In dieser Weise kann die ganze Apparatur auf die ankommende Schwingung abgestimmt und allein verstärkt werden. Mit fünf Röhren erreicht man eine etwa 20 000 fache Verstärkung der Empfangsenergie, also eine geringere Lautstärke, als mit der gleichen in Niederfrequenz geschalteten Röhrenzahl, dafür aber eine um so größere Reichweite. Schaltet man einen Dreifach-Niederfrequenzverstärker dahinter, so multipliziert sich die Energie mit 1000, so daß die Amplituden im Telephon das $20\,000 \cdot 1000 = 20$ millionenfache der Antennenschwingungen darstellen.

Der Zauberwirkung der Elektronenröhre ist es also zu verdanken, daß wir die letzten müden Ausläufer der Ätherwellen noch so kräftig auf ein Telephon einwirken lassen können, um Musik und Sprache und selbst die tönenden Morsezeichen im größten Saal hörbar zu machen.

Alle Verstärker besitzen einen, wenn auch unbedeutenden Nachteil in der verhältnismäßig hohen Röhrenzahl. In welcher Weise diesem Übelstande abzuhelfen ist, soll der nächste Abschnitt zeigen.

18. Der Reflexempfänger.

Die Elektronenröhre besitzt nicht nur die bisher bekannten Fähigkeiten eines Verstärkers, Gleichrichters und Schwingungserzeugers in getrennter Wirkung, sondern sie ist imstande, diese verschiedenen Arbeiten auch kombiniert, vereint, gleichzeitig zu verrichten. So ist es möglich, dem Gitter eines in Hochfrequenz geschalteten Rohres die Schwingungen nach der Gleichrichtung noch einmal über einen Transformator zuzuführen, so daß es nach seiner Hochfrequenzwirkung auch noch als Niederfrequenzverstärker in Tätigkeit tritt. Diese doppelte Ausnutzung einer Röhre wird durch die Reflexschaltung erreicht. Auf die Weise gelingt es, schon mit wenig Röhren einen Empfang von bedeutender Reichweite und großer Lautstärke zu erzielen.

Das Prinzip eines Reflexempfängers erläutert umstehendes Schaltbild.

Die in der ersten Röhre verstärkten Hochfrequenzschwingungen werden im zweiten Rohr, dem Audion, gleichgerichtet und verstärkt, danach über einen Transformator noch einmal an die Leitung zwischen Antennenspule und negativer Kathode gelegt, so daß jetzt noch eine Verstärkung der niederfrequenten im Hörbereich liegenden Schwingungen erfolgt, die noch durch die Rückkopplung des Anodenkreises auf das Gitter bis zu

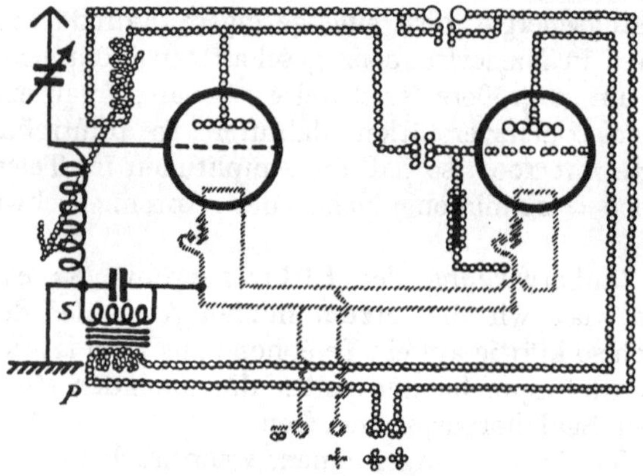

Fig. 78. Reflexempfänger mit Hochfrequenzrohr und Audion.

ihrem Höchstgrenzwert aufgeschaukelt werden, indem durch eigene Schwingungserzeugung die Dämpfung aufgehoben wird. Das Telephon liegt daher im Anodenstrom der ersten Röhre.

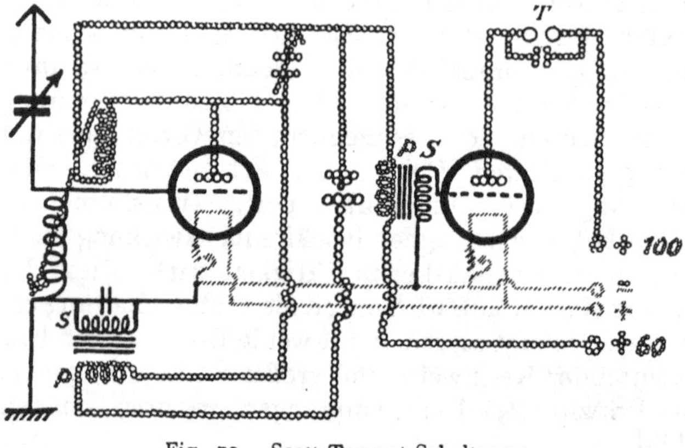

Fig. 79. Scott-Taggert-Schaltung.

Es hat sich als vorteilhaft erwiesen, die Spannung in den Anodenkreisen beider Röhren verschieden zu wählen und zwar derart, daß der Hörer den höchsten Wert erhält.

Verzichtet man auf die Verstärkung im Audion, so kann man dieses durch einen Kristalldetektor ersetzen, dessen Entstehung, Beschreibung und Wirkungsweise wir später noch kennen lernen.

Andererseits ist es möglich, die Lautstärke dadurch noch zu erhöhen, daß man an Stelle des Telephons nach der Gleichrichtung durch Detektor und erstmaligen niederfrequenten Verstärkung im Hochfrequenzrohr noch das zweite Rohr als Niederfrequenzstufe bestehen läßt. Man erhält auf diese Weise die in England und Amerika sehr beliebte Scott-Taggert-Schaltung.

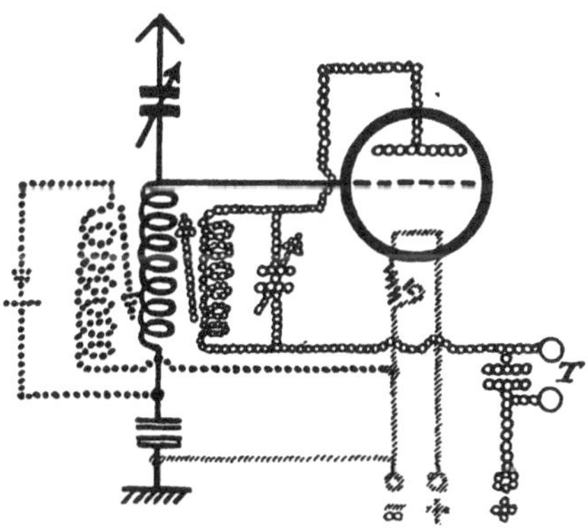

Fig. 80. Reflexempfänger ohne Transformator.

Durch Anordnung von drei Röhren erreicht man die Leistung eines Fünfröhrenempfängers, so daß die als Nachteil des Hochfrequenzverstärkers erwähnte hohe Röhrenzahl um zwei vermindert ist. Eine derartige Anlage spart nicht nur Kosten und Raum, sondern ist auch an Lautreinheit und Tonstärke kaum zu übertreffen, so daß die Doppelverstärkungen in einer Röhre ohne Zweifel ihre Zukunft haben.

Auf Grund der bereits besprochenen Eigenschwingungen der Transformatoren und der damit zusammenhängenden Verzerrungen sind auch solche Anordnungen entstanden, bei welchen die niederfrequenten Ströme nach der Gleichrichtung durch den Detektor unmittelbar ins Gitter geführt werden. Ihr Abfließen zur Erde und Kathode verhindert man durch einen Block. Zum Abfangen der Hochfrequenzschwingungen im Anodenkreis dient ein Telephonkondensator. Wie ersichtlich ist, werden die Induktionsspulen auf einen dreiteiligen Halter gesetzt, wobei die Antennenspule feststeht, während die beiden andern beweglich sind.

Die Leistung entspricht der eines Zweiröhrenempfängers. Diese Anlage vereinigt demnach mehrere Vorzüge in sich. Neben einer Röhre erübrigt sich auch noch der Transformator.

Demnach werden nicht nur die Herstellungs- und Betriebskosten wesentlich verringert, sondern auch die Ursachen der störenden Pfeifneigung beseitigt.

Mit einem Hinweis auf schier unbegrenzte Schaltungsmöglichkeiten für den bereits erfahrenen experimentierenden Funkfreund sei der Abschnitt der Reflexschaltungen geschlossen.

19. Die Mehrgitterröhre.

Bei der gewöhnlichen Röhre mit einem Gitter hatten wir bereits erfahren, wie aus dem glühenden Heizfaden der Elektronenaustritt erfolgt und deren Anziehung durch die Anode von der angelegten Spannung abhängt. Auf ihrem Wege stellt sich den Elektronen bekanntlich das Gitter als mechanisches und elektrisches Hindernis entgegen, indem sie sich durch die Maschen oder Windungen hindurchzwängen müssen und von der negativen Gitteraufladung sogar gebremst und zurückgestoßen werden. Eine schwache negative Gittervorspannung ist aber notwendig, um den Stromverbrauch im Gitter auf dem Nullpunkt zu erhalten, andernfalls, bei positivem Charakter des Gitters, würden die Elektronen garnicht zur Anode gelangen, sondern nur bis zum Gitter wandern und hier bereits aufgesogen werden, während andererseits bei zu starker negativer Vorspannung das Gitter den Anodenstrom ganz unterdrückt. Infolge dieser Bremswirkung lagern sich um den Glühfaden ganze Wolken von Elektronen, die man als Raumladung bezeichnet, welche nun auch ihrerseits den weiteren Elektronenaustritt aus der Kathode verhindert. Wollten wir diese hinderlichen Wolken entfernen, so müßte man die angelegte Anodenspannung erhöhen, um die Saugwirkung zu verstärken. Somit würde das Gegenteil unseres Strebens erreicht, welches in der Verkleinerung oder gänzlichen Abschaffung der lästigen Anodenbatterie besteht. Eine Annäherung der Anodenelektrode an den Heizfaden könnte zwar die Aufsaugung der Elektronen erleichtern, würde aber gleichzeitig den Durchgriff, d. h. den Bruchteil der zum Verbrauch gelangenden Energie der angelegten Spannung vergrößern, wodurch die Verstärkerwirkung der Röhre naturgemäß schwächer wird.

Da schafft die Anbringung eines zweiten Gitters Abhilfe. Legt man es zwischen Heizfaden und das ursprünglich vorhandende, sogenannte Steuerungsgitter, so wird die Elektronenwolke oder Raumladung aufgesogen, der Elektronenstrom zur Anode also nicht mehr behindert. Man erhält dadurch einen verstärkten Emissionsstrom bei mäßigem Durchgriff, d. h. geringem Energieverbrauch der angelegten Anodenspannung, kann also bei gleichbleibender Spannung erhöhte Verstärkung der Amplituden, oder bei ursprünglicher Lautstärke eine wesentlich geringere Spannung anlegen, die z. B. bei der neuesten Telefunkenröhre R. E. 82 mit Thoriumfaden nur 4 bis 12 Volt beträgt, während die ältesten Doppelgitterröhren von Siemens-Schottky etwa 24 Volt benötigten. Man bezeichnet das zweite Gitter in dieser Anordnung wegen der Entfernung der Raumladung als Raumladungsgitter.

Außerdem kann das zweite Gitter auch zwischen Steuerungsgitter und Anode gelegt werden. Dann würde es zwar die Raum-

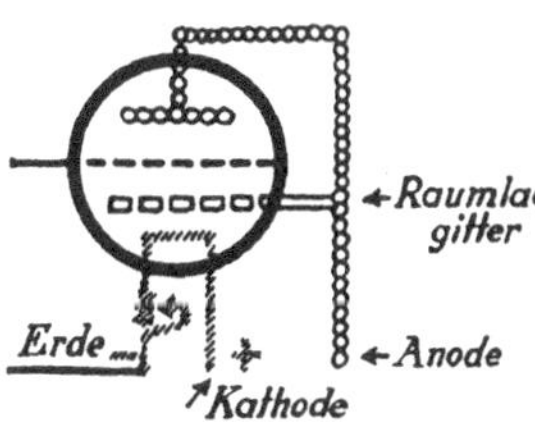

Fig. 81. Elektronenröhre mit Steuerungs- und Raumladungsgitter.

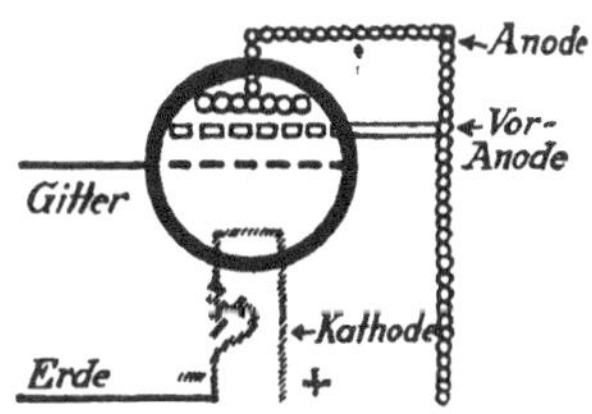

Fig. 82. Elektronenröhre mit Voranode.

ladung in dem vorher beschriebenen Sinne nicht entfernen, sondern nur als Vorposten der Anode, Voranode, deren Saugwirkung bei gleichbleibendem Energieverbrauch oder Durchgriff erhöhen. Diese Anordnung kommt jedoch praktisch selten zur Anwendung und wird nur der Vollständigkeit halber erwähnt.

Soll das Raumladungsgitter negative Wolken entfernen, so muß es eine positive Vorspannung erhalten, die zur angelegten Anodenspannung negativen Charakter besitzen kann, von dieser demnach etwa nur 50 bis 60% beträgt, oder ihr gleich ist, um besondere Abgriffe von der Batterie zu vermeiden, welche die Anlage nur unnötig verwickelt gestalten.

Da eine Elektronenröhre infolge des Raumladegitters nur eine geringe Anodenspannung erfordert, so kann der hierfür erforderliche Strom der Heizbatterie entnommen werden, weil diese doch meist eine Überspannung gegenüber der notwendigen Röhrenheizspannung besitzt.

Vorteilhafte Verwendung findet die Doppelgitterröhre bei allen Rückkopplungsschaltungen, die infolge der aufgehobenen Dämpfung an und für sich eine brauchbare Lautstärke liefern. Durch die überaus große Empfindlichkeit wird die Reichweite bedeutend erhöht, die Ausstrahlung in die Antenne dagegen bei der geringen vorhandenen Energie fast ganz vermieden, so daß Störungen der Nachbarempfänger kaum eintreten können.

Zur Veranschaulichung der Anwendung einer Doppelgitterröhre und ihrer Vorzüge diene eine Rückkopplungsschaltung. Hieraus ist ersichtlich, daß nur eine 8-Volt-Heizbatterie gebraucht wird, an die sowohl das Raumladungsgitter als auch der Anodenkreis über das Telephon gelegt ist. Will man den üblichen dritten Anschluß eines Dreisteckers bestehen lassen, so kann an diesen das zweite Gitter mit 4 Volt abgezweigt werden. Der notwendige Anodenstrom ergibt sich aus der Überspannung des Batteriestromes von 5 bis 5,4 Volt gegen den benötigten Heizstrom von 2,6 bis 3 Volt. Zur Regulierung der Heizspannung muß ein Widerstand von 90 Ohm in die negative Leitung gelegt werden, wie sich aus der Gleichung $\text{Ohm} = \frac{\text{Volt}}{\text{Ampère}}$ ergibt. Da von 8 Volt bei der Telefunkenröhre R. E. 82 im Höchstfalle 5,4 Volt abzusperren sind, erhält man für 0,06 Ampère Stromverbrauch den Wert: $\frac{5{,}4}{0{,}06} = 540 : 6 = 90\ \Omega$. Die Vorteile dieses Empfängers, bei dem die Anodenbatterie ganz fortfällt, liegen also nicht nur in den geringeren Herstellungs- und Betriebskosten wie bei der Anwendung der Reflexschaltungen ohne Transformatoren, sondern in der leichteren Transportmöglichkeit auf Reisen und vor allem in der strahlungsfreien Rückkopplung.

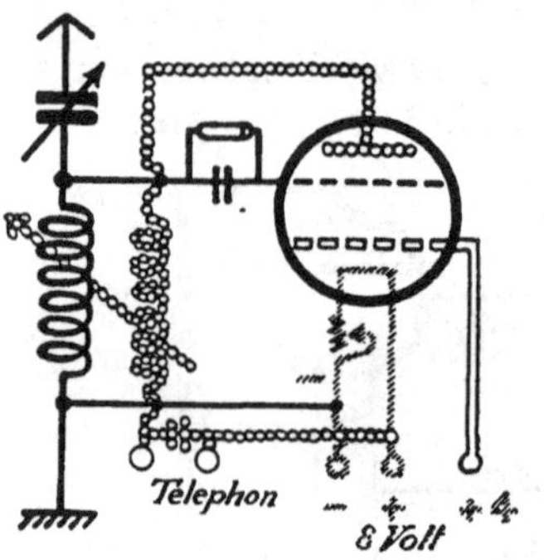

Fig. 83. Strahlungsfreies Audion mit Rückkopplung und Doppelgitterrohr.

20. Der Detektor.

Da wir in den Elektronenröhren als Audion geschaltet den neuzeitlichsten Detektor oder Gleichrichter der Hochfrequenzschwingungen bereits kennen gelernt haben, sei uns an dieser Stelle ein kurzer Rückblick auf die Wellenanzeiger gestattet.

Das älteste elektrische Auge, das uns zuerst einen Einblick in das Äthermeer gestattete, war der mit vielen Mängeln behaftete Kohärer oder Fritter. Die Bezeichnungen entstammen dem lateinischen Wort cohaerere = zusammenhängen und dem deutschen Ausdruck fritten oder oberflächlich zusammenschweißen. Der wirksame Hauptteil war nämlich eine Füllung von Nickelfeilspänen, die sich zwischen zwei in ein Glasröhrchen

Fig. 84. Kohärer oder Fritter.

geschobenen kleinen abgeschrägten Silberkolben befand. Zur Vermeidung der Oxydation der Metallspäne wurde das Rohr luftleer gemacht und zugeschmolzen. Trafen elektrische Ätherwellen auf den Fritter, so stellten die feinen Späne durch leichtes Zusammenschmelzen eine leitende Verbindung her und schlossen im Empfänger einen örtlichen Stromkreis, der einen Schreibapparat betätigte.

Die durch die Ätherwellen hervorgerufene Leitfähigkeit des Fritters mußte unterbrochen werden durch einen Klopfer, der fortgesetzt an das Röhrchen schlug, damit kein zusammenhängender Dauerstrich des Schreibstiftes entstand. Dadurch kopierte der Fritter die Telegraphiezeichen des Senders.

Da aber die elektrischen Vorgänge in der Luft sehr heftig auf den Fritter einwirkten, so wurde er häufig leitend, wenn gar kein Sender in Tätigkeit war. Andererseits sprach er auch manchmal auf eintreffende Wellen nicht an. Außerdem durften die Stromstöße des Senders nur verhältnismäßig langsam erfolgen, weil sie an die schwerfälligen Bewegungen des Klopfers gebunden waren, der für einen Schlag $^1/_{20}$ Sekunde beanspruchte.

Zur rechten Zeit, wenn die schnellere Funkenfolge der Sender nicht bedeutungslos bleiben sollte, bescherte uns Professor Ferdinand Braun in Straßburg einen neuen Wellenanzeiger in dem Detektor, dessen Bezeichnung von detegere = entdecken abgeleitet ist.

Wir haben bereits in früheren Abschnitten erfahren, daß der hörbare Tonbereich zwischen 20 und 10 000 Schwingungen in der Sekunde liegt. Da aber die ankommenden Stromstöße in der Antenne von 100 000 bis 1000 000 schwanken, so muß diese Hochfrequenz erst in eine Niederfrequenz umgewandelt werden, damit die Schallplatte des Telephons, als auch unser Ohr, imstande sind, den Schwingungen zu folgen. Das bewerkstelligt in ausgezeichneter Weise der Detektor, indem er die Hochfrequenzschwingungen zu niederen Gruppenfrequenzen zusammenfaßt.

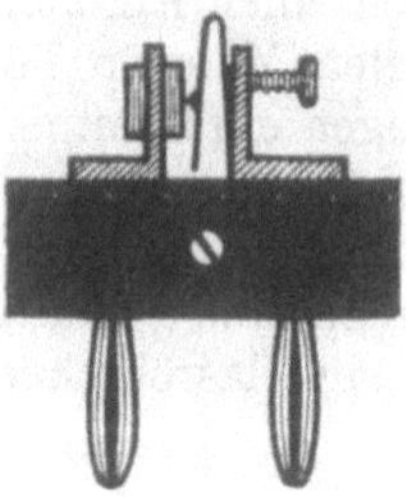

Fig. 85. Detektor.

Wenn eine Metallspitze aus Kupfer oder Silber mit leisem Druck, also ohne feste Verbindung an einem Stück Bleiglanz, Kupferkies, Pyrit usw. anliegt, so zeigt sich ferner die eigentümliche Tatsache, daß die feine Berührungsstelle den Strom immer nur in einer Richtung durchläßt, weil die Elektronen aus der Spitze viel geschwinder austreten, als aus der breiten Fläche. Ferner entstehen auch infolge des hohen Widerstandes in der feinen Metallspitze hohe Spannungen, die zu einer Erhitzung führen und den Elektronenaustritt begünstigen.

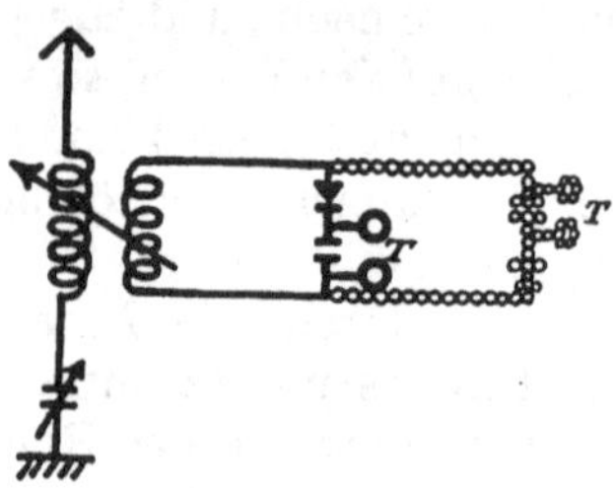

Fig. 86. Schaltung für 2 Detektoren.

Besondere Kontaktzusammenstellungen haben sich in ihrer Wirkung verschieden gezeigt. Sehr geeignet sind Rotzinkerz—Kupferkies, sowie Bleiglanz und Kohle.

Der hochfrequente Wechselstrom der Antenne wird also nicht nur in niederfrequente, im Hörbereich liegende Stromstöße umgewandelt, sondern auch gleichgerichtet, indem eine Richtung abgedrosselt wird, ähnlich dem Brunnenventil, das auch nur den Durchgang des Wassers in einer Richtung gestattet. Diese Wirkung ist von hervorragender Wichtigkeit, weil die Schallplatte des Telephons nur auf gleichgerichtete Schwingungen reagieren kann, indem sich Wechselstromstöße gegenseitig aufheben und die Membran im Ruhezustande belassen. Zum Abfangen der doch noch durchkommenden Wechselströme dient daher ein dem Hörer parallel geschalteter Blockkondensator.

In größerer Entfernung vom Sender ist die geringe Lautstärke des Detektors als ein Mangel empfunden worden, besonders wenn mehrere Kopfhörer angeschlossen werden. Diesem Übelstande kann man abhelfen, wenn man beide Schwingungsrichtungen durch zwei Detektoren ausnutzt und zwar in der Weise, daß man beide entgegengesetzt mit je einem Telephon zusammenschaltet, wodurch jeder Hörer eine solche Lautstärke aufweist, wie einer allein mit einem Detektor. Wollte man einfach in den Kreis eines Detektors einen zweiten entgegengesetzt hinzufügen, so könnten zwar die Wechsel in beiden Richtungen hindurch, wirken sich aber bis auf einen geringen Rest, der in der Ungleichheit der

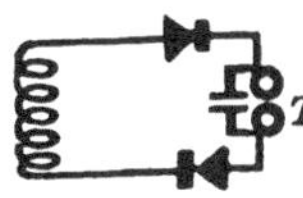

Fig. 87. Falsche Schaltung.

Fig. 88.

Fig. 89.

Fig. 88. Telefunkendetektor »Polytektor« von vorn gesehen. — Fig. 89. Seitenansicht. Links: Kristallverstellknopf; rechts: Mikrometerschraube zur Feineinstellung der Metallspitze.

beiden Detektoren begründet ist, entgegen. Die Lautstärke würde dann nicht größer, als mit einem Detektor allein, sondern ganz verschwindend gering sein.

Die strittige Frage, bis zu welcher Entfernung vom Sender sich der Detektorempfang erstreckt, kann hahin beantwortet werden, daß 30 km als größte normale Reichweite anzusehen sind. Alle anderen Mitteilungen, die von der tatsächlichen Überbrückung von 1000 km und mehr berichten, sind als Ausnahmen zu bewerten, die auf ganz besondere Umstände zurückgeführt werden müssen.

Neuerdings ist es dem russischen Ingenieur Lossew am Radio-Laboratorium in Nishny-Nowgorod gelungen, mit ganz gewöhnlichen Detektorkristallen ungedämpfte Schwingungen bis zu 1¼ km Reichweite auszusenden. Wenn diese Entfernung auch nur eine geringe Leistung darstellt, so verdient diese Tatsache doch immerhin einige Beachtung für die weitere

Fig. 90. Rückansicht des »Polytektors«.

Fig. 91. Frihodetektor.

Entwickelung der Detektoren, deren Brauchbarkeit und Wirtschaftlichkeit infolge geringster Unterhaltungskosten und einfachster Bedienung nicht anzuzweifeln ist.

Einem üblen Nachteil, der tatsächlich vielen Detektoren anhaftete, die Verstellung des Kontaktes durch leiseste Erschütterungen, ist längst abgeholfen durch verbesserte Konstruktionen.

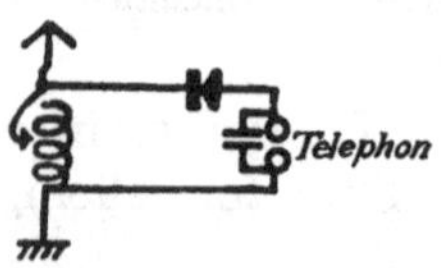

Fig. 92. Primärdetektor.

Ein neues Modell der Telefunken-Gesellschaft, »Polytektor« genannt, ist mit einer Einstellskala versehen und beseitigt diesen Mangel in hervorragender Weise.

Bei einiger Geschicklichkeit lassen sich stoßsichere Detektoren mit ganz geringen Kosten in den verschiedensten Ausführungen, ebenso wie die Kristalle dazu, selbst herstellen.

Haben wir nun die Wirkungsweise des Kristalldetektors

kennen gelernt, so soll auch seine Anwendung in den charakteristischsten Schaltungen nicht fehlen.

Legen wir den Detektorkreis durch direkte galvanische Kopplung unmittelbar an die Antenne, so erhalten wir einen Primärempfang in einfachster Form, wobei die Abstimmung durch eine veränderliche Induktionsspule erfolgen kann.

In größerer Entfernung vom Sender, wo auch eine schärfere Abstimmung nötig ist, wird ein Drehkondensator in die Antennenleitung eingefügt oder parallel zur Spule geschaltet, je nachdem die Welle kurz oder lang sein soll. Zu diesem Zwecke werden 3 Buchsen angebracht. Wird die Antenne in der Mitte angeschlossen, dann befinden sich Kondensator und Spule hintereinander in Serienschaltung, so daß die Welle verkürzt ist. Im andern Falle legt man die Antenne an die Buchse L und schließt die beiden andern kurz.

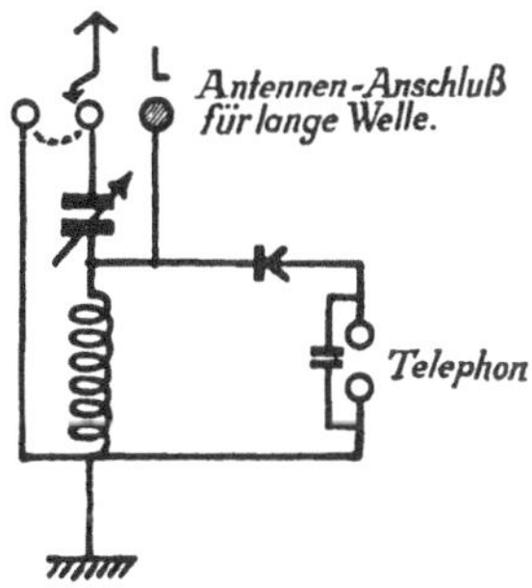

Fig. 93. Primärdetektor für kurze und lange Wellen.

Einen etwas schwächeren aber von weniger atmosphärischen Störungen beeinträchtigten Empfang erhält man durch induktive Kopplung des Detektorkreises an die Antenne.

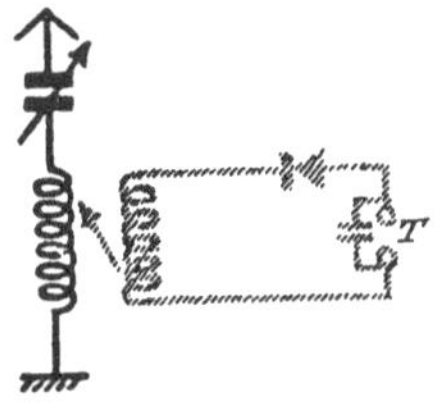

Fig. 94. Detektor mit induktiver Kopplung.

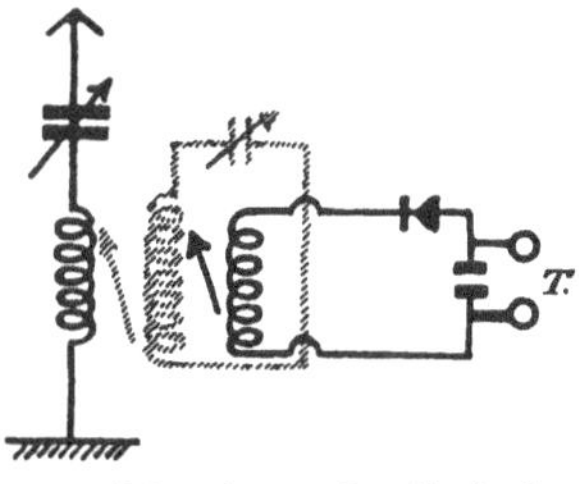

Fig. 95. Sekundär- oder Zwischenkreisempfänger.

Will man die Empfindlichkeit-Abstimmschärfe oder Selektivität noch weiter treiben, um auch störende Sender auszuschalten, so kann man einen Zwischenkreis- oder Sekundärempfang anwenden, indem man die Antennenschwingungen zunächst auf einen abstimmbaren Sekundärkreis induktiv überträgt und mit diesem erst den Detektorkreis galvanisch oder induktiv koppelt.

Aus den Schaltbildern ist ersichtlich, daß durchaus nicht jeder Schwingungskreis abstimmbar sein muß. In vielen Fällen verzichtet man darauf, dem Detektor-, seltener dem Antennenkreis, eine Abstimmung zu geben, weil in den gebräuchlichen Schaltungen infolge des großen Widerstandes an der losen Kontaktstelle die Dämpfung so groß ist, daß er keine Eigenschwingung hervorbringt. Er spricht dann auf alle Wellenlängen in einem ziemlich großen Bereich gleichmäßig gut oder schlecht an. Einen solchen nicht abstimmbaren Kreis nennt man aperiodisch.

Bevor wir den Abschnitt über den Detektor schließen, sei noch erwähnt, daß man dieselben Schaltungen für Sekundärempfang mit Zwischenkreis sinngemäß auch bei den Elektronenröhren anwenden kann.

21. Empfangsapparate für Kristalldetektor und Elektronenröhre.

Schrittweise mit dem Ausbau des Reichs-Sendernetzes und der Erhöhung der Energie wird auch der Detektorempfang wieder zunehmen, weil dann viele Landesteile nicht mehr auf weit entfernte Stationen angewiesen sind, die Lautstärke meist ausreicht und die Betriebskosten fortfallen. Trotzalledem wird aber oftmals der Wunsch vorliegen, zeitweise statt eines Kristalldetektors die lautstärkere Elektronenröhre zu benutzen, ohne erst eine zweite Apparatur anzuschaffen. Diesem Zwecke dient in hervorragender Weise die Röhrenzusatzschaltung, welche es gestattet, an Stelle des Detektors einfach das Gerät in dieselben Anschlüsse aufzustecken. Man hat in diesem Falle nur nötig, die Telephonbuchsen des Detektorkreises kurz zu schließen. Die ganze Einrichtung enthält nichts weiter als die Anschlußbuchsen, einen Block mit Silit-

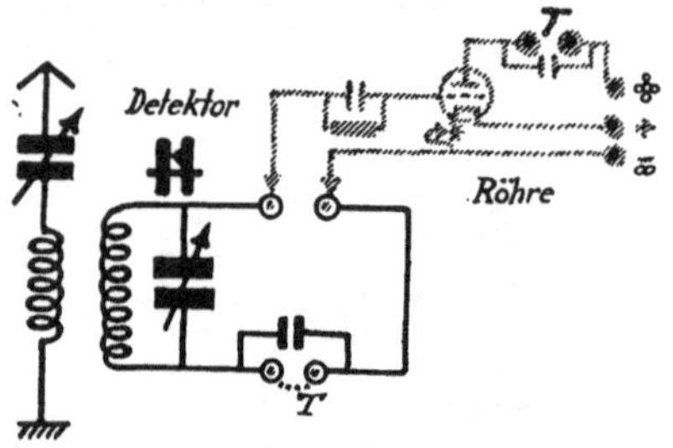

Fig. 96. Detektor mit Röhrenzusatzgerät.

überbrückung und den Heizwiderstand. In welcher Weise diese Teile leicht anzubringen sind, geht aus der Abbildung hervor. Sie zeigt einen Blick von der Rückseite in das Innere eines kleinen Kastens, dessen Seitenteile am besten aus Isoliermaterial hergestellt werden, während Vorder- und Seitenwand aus Holz sein können. Wird eine Sparröhre verwendet, so genügen einige Taschenlampenbatterien als Heiz- und Anodenstrom für vorübergehenden Gebrauch, so daß kostspielige Akkumulatorenzellen nicht nötig sind. Wir haben demnach ein Gerät, das billig ist und leicht auf Reisen mitgeführt werden kann.

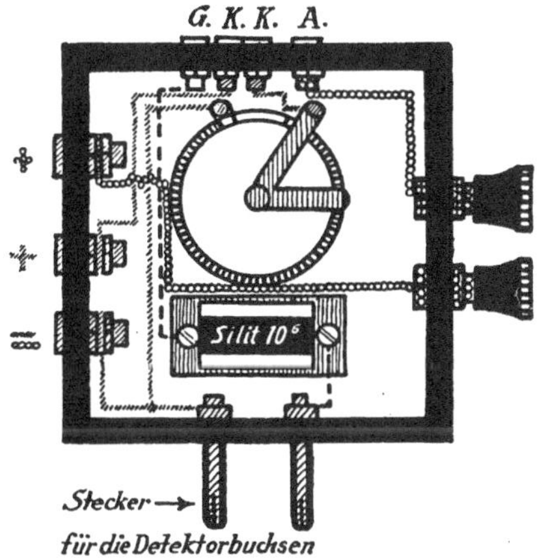

Fig. 97. Röhrenzusatzgerät.

Umgekehrt wird es von Vorteil sein, einen Röhrenempfänger nach plötzlichem Durchbrennen des Heizfadens oder bei Erschöpfung der Batterie sofort mit Kristalldetektor weiter benutzen zu können, falls keine Ersatzröhren oder Stromquellen vorhanden sind.

Man entfernt die Batterieanschlüsse, überbrückt die Anoden-

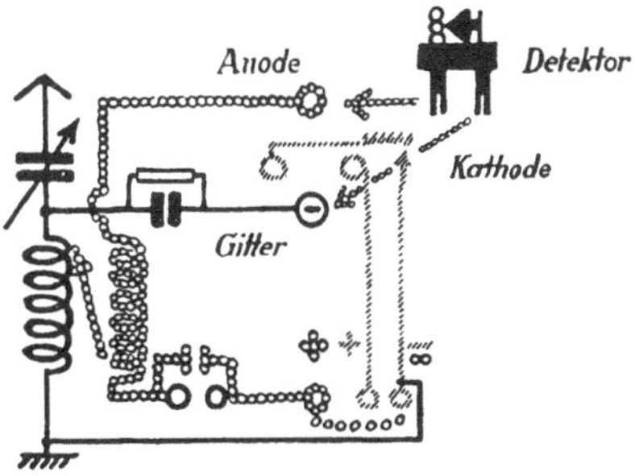

Fig. 98.

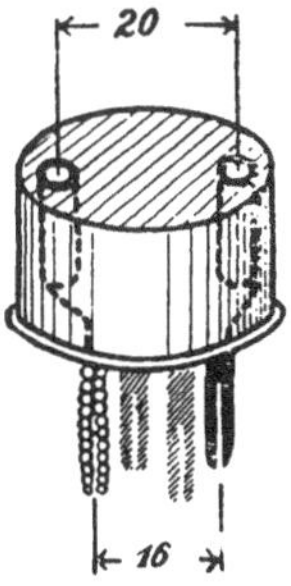

Fig. 99. Röhrensockel als Zwischenstecker.

klemme, wie durch die geringelte Linie angedeutet, um den Detektorkreis zu schließen und setzt in die Röhrenbuchsen den Detektor, welchen man auf einem Sockel einer durchgebrannten Röhre derartig montiert hat, daß Gitter und Anodenfuß mit zwei Buchsen leitend verbunden werden, die im Abstand der Detektorfüße, also 20 mm entfernt, im Sockel befestigt sind, damit jeder beliebige Detektor sofort aufgesteckt werden kann. Der alte, auf die beschriebene Weise hergerichtete Röhrenfuß dient also nur als Zwischenstecker.

Die englische Zeitschrift »Amateur wireless« vom 7. März 1925, Seite 391 bringt eine Audionschaltung mit Rückkopplung, bei welcher durch einfaches Umstecken, eines Kurzschließers vom Röhren- zum Detektorempfang übergegangen werden kann.

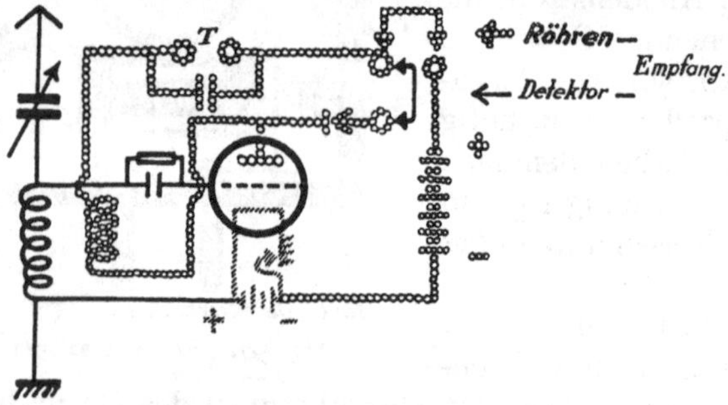

Fig. 100. Kombinierter Röhren- und Detektorempfänger.

Diese Anordnung bietet den Vorteil, daß mit dem Umstecken des Kurzschließers gleichzeitig die Anodenbatterie ausgeschaltet wird. Die Anschlüsse können demnach an dem Apparat verbleiben, da man die Heizung mit dem Regulierwiderstand abstellt, falls kein besonderer Unterbrecher vorhanden ist. Eine solche hochwertige Einrichtung ist an Einfachheit nicht zu überbieten.

22. Die Dämpfung in hochfrequenten Schwingungskreisen.

Ein Pendel muß nach einer gewissen Zeit infolge der Lagerreibung und des Luftwiderstandes zur Ruhe kommen. Seine Schwingungen unterliegen der Dämpfung. Die elektrischen Energieverluste haben ähnliche Ursachen. Außer dem Ohmschen Widerstand, der die verbrauchte Kraft in Wärme verwandelt, kommen induzierte Wirbelströme, mangelhafte Isolation und das Sprühen und Kriechen zur Wirkung. Hierbei handelt es sich um rechnerisch schwer zu ermittelnde Werte. Viel wichtiger als die zahlenmäßige Feststellung ist jedoch die Erörterung der Umstände, durch welche die Dämpfung möglichst klein gehalten werden kann.

Bei Kondensatoren kommt hauptsächlich schlechte Isolation in Frage. Man nennt die Verluste dielektrische Hysteresis. Sie sind abhängig von der chemischen Zusammensetzung des Materials und seiner Temperatur, die mit ihrem Ansteigen die Dämpfung vergrößert. Auf Sprühen und Kriechen ist nur bei festem Dielektrikum zu achten. Dieses darf keine Brüche aufweisen und muß die metallischen Belege um einige Millimeter überlappen. Bei allzugedrängter Anordnung der Einzelteile eines Empfangsapparates erleichtert und verkürzt man die Kriechwege. Deshalb sind die Zuleitungen niemals parallel, sondern rechtwinklig kreuzend zu führen, da sie leicht die Wirkung eines Kondensators annehmen.

Spulen dürfen nicht im Kraftlinienfeld eines Kondensators liegen. Bei ihnen sind Isolationsverluste ebenfalls von größter Bedeutung. Lackdrähte werden am besten nicht verwendet. Sie weisen oft blanke Stellen auf, die mit bloßem Auge nicht bemerkt werden. Bei Anwendung eines Schiebers bildet sich bald durch Schleifen der Feder ein feiner Metallstaub, der Kurzschluß hervorruft und deshalb öfters mit einem weichen Haarpinsel entfernt werden muß. Alle Metallteile, auch unscheinbare Schrauben, wirken im Kraftlinienfeld störend.

Die Energieverluste in der Antenne sind abhängig von der Temperatur und Feuchtigkeit. Da bei kaltem regnerischen Wetter der Empfang besser ist als bei trockener Hitze, so ist klar zu erkennen, daß steigende Wärme eine noch größere Rolle spielt als Nässe. Die schlechteste, übelste Wirkung auf den Empfang hat feuchtwarme Witterung. Parallelführung von Antennenleitungen zeitigt auch hier Kondensatorwirkung. Schlechte Isolation bei Mauerdurchbrüchen und winklige Ecken vergrößern die Dämpfung. Windungen um Porzellanisolierrollen rufen Selbstinduktion hervor und sind deshalb zu vermeiden. Die Buchsen für die Zuführungskabel von Antenne und Erde müssen am Empfänger so weit als irgend möglich auseinanderliegen. Zur Herabminderung der Energieverluste verwende man stets beste Hartgummiisolation und trockenes, lackiertes Holz. Nur bei sorgfältiger Beachtung dieser Dämpfungsursachen kann man sich vor Enttäuschungen bewahren.

23. Antenne und Erde.

Schon am Anfange des Buches wurde gesagt, daß die Antennengestaltung, insonderheit die der Sender, noch zu den ungelösten Problemen gehört.

Obwohl bisher hierfür keine allgemein gültigen Gesetze gefunden werden konnten, haben sich die mannigfaltigsten Formen herausgebildet.

Marconi benutzte einen einzelnen senkrecht hochgeleiteten

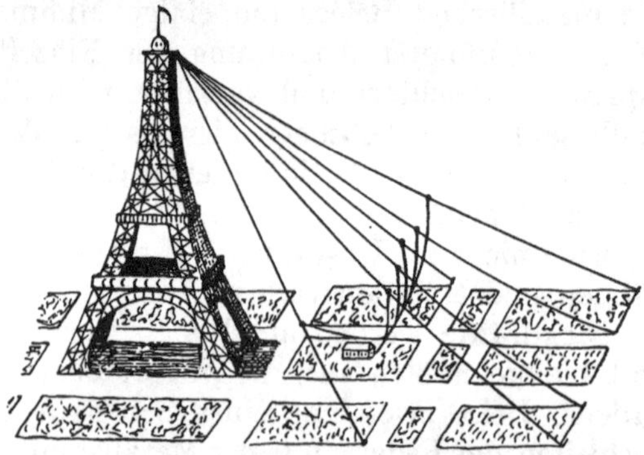

Fig. 101. Antenne des Eifelturmes.

Draht. Da dessen Kapazität jedoch gering war, kam man bald zu einer Vervielfachung des Einzelstranges. Es bildeten sich die Harfen- oder Fächerantennen, wie sie heute noch das höchste Bauwerk der Welt, der Eiffelturm bei Paris, aufweist. Dieser eiserne Riese von 300 m Höhe hat bereits 6½ Millionen Franken gekostet. Durch noch weitere Höhenentwicklung würde zwar die Reichweite ganz wesentlich gesteigert werden, jedoch würden die Baukosten für die noch höheren Stützen so ums Vielfache wachsen, daß es ganz ausgeschlossen erscheint, eine solche Anlage auch nur einigermaßen wirtschaftlich betreiben zu können. Selbst für weite Entfernungen wäre dann Drahtleitung billiger. Aus diesen Erwägungen heraus bildeten sich solche Antennen, die nur einer Stütze bedürfen, aber gleich den Stangen eines

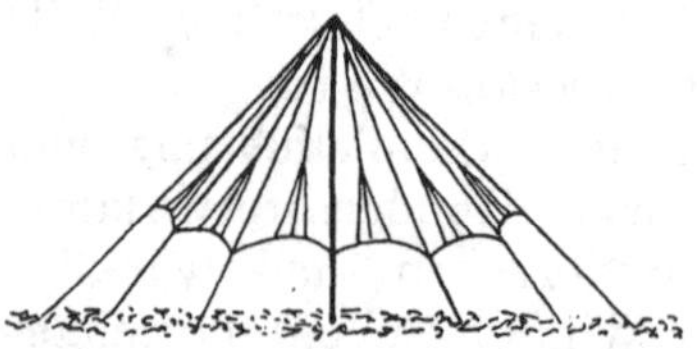

Fig. 102. Schirmantenne.

Schirmes nach allen Richtungen hin Drähte besitzen, die schnell durch eingeschlagene Holzpflöcke gespannt werden konnten und wegen dieser leichten Aufstellung auch im Heere verwendet wurden.

Auf Schiffen dagegen verlockten die Masten dazu, Drähte wagerecht zu spannen und die Ableitung entweder in der Mitte

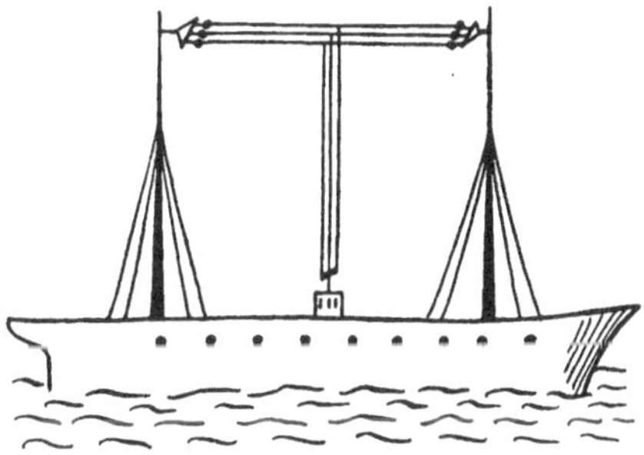

Fig. 103. Dreifache T-Antenne.

oder am Ende nach unten zu führen. Es entstanden die T- und L-Antennen, deren Bezeichnungen von den lateinischen Druckbuchstaben stammen, denen sie in ihrer Form gleichen.

Auch bei Landstationen fanden diese Anordnungen Anwendung. Alle Träger oder Masten stehen nicht etwa auf einer

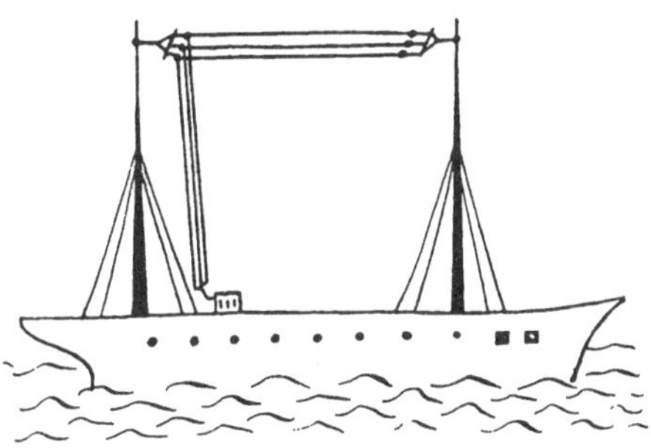

Fig. 104. Dreifache L-Antenne.

breiten Grundlage, sondern laufen spitz zu und bilden mit einer großen Stahlkugel ein bewegliches Gelenk, damit sie leichte Schwankungen ausführen können. Sie haben meist dreieckige Form und ein weitmaschiges Eisengitter, um die Gewalt heftiger Windstöße zu mildern. Lange Seile aus Stahldraht halten die

Masten in senkrechter Stellung und strecken sich leicht im Winde. Diese Art hat sich besser bewährt, als der starre verankerte Unterbau. Unfälle, wie das Einstürzen des 200 m hohen Antennenmastes von Nauen am 1. 4. 1912, sind natürlich nicht ausgeschlossen. Gegen die Erde werden die Eisenträger gut isoliert, indem das Stahlkugelgelenk auf gewaltigen Porzellanfüßen in einem Betonfundament ruht. Außerdem besitzen die Halteseile mehrfache Porzellanunterbrechungen und die Antennendrähte an ihrem Ende vielfache Porzellanisolation, damit die Spannung, welche oft bis 150 000 Volt ansteigt, nirgends zur Erde überschlagen kann.

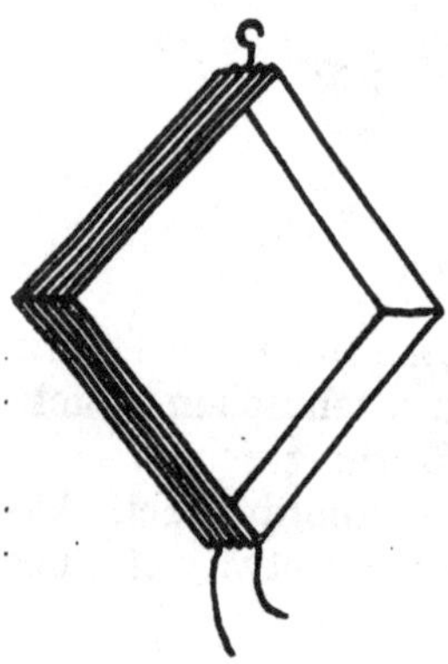

Fig. 105. Rahmenantenne.

Allen Sendeantennen haftet der eine große Mangel an, daß sie keine Richtwirkung besitzen.

Eine viel schnellere Entwicklung haben in dieser Beziehung die Empfangsantennen durchlaufen. Die umfangreichen Drahtgebilde der Sendeausstrahlungsvorrichtungen sind hier bereits zu so winzigen Ausdehnungen zusammengeschrumpft, daß man in der Lage ist, die ganze Länge des Auffangedrahtes in mehreren Windungen um einen viereckigen Holzrahmen zu legen, den man mit einer Spitze aufhängt und auf diese Weise in die günstigste Richtwirkung bringen kann. Wir verdanken diese Entdeckung dem Physiker Professor Ferdinand Braun in Straßburg, der im Jahre 1913 mit einer solchen Einrichtung ganz gleiche Empfangsergebnisse beobachtete, wie sie mit einem hoch ausgespannten Luftdraht auch nur erzielt wurden. Stellt man den Rahmen mit der Schmalseite in die Richtung des Senders, so ist die Lautstärke am größten, weil jetzt das zu induzierende magnetische Feld senkrecht zur elektrischen Strahlung liegt. Ändert man diese Stellung um 90°, so ist die Lautstärke sehr gering oder der Empfang ganz verschwunden. Auf diese Weise lassen sich unwillkommene Sender ausschalten. Außerdem kann man den Rahmen in einem Innenraum aufhängen, so daß ihn luftelektrische Störungen nicht erreichen. Bekanntlich ist die ionisierte Luft an Stoffteilchen gebunden, die nicht in ein geschlossenes Zimmer eindringen können, während die Schwingungen des Äthers durch Mauern und Fensterscheiben ungehindert zum Empfangsrahmen gelangen. Allerdings ist die Lautstärke etwas geringer, weil auch Energie von den Wänden zur Erde geleitet wird. Mit zunehmender Senderenergie werden jedoch zahlreiche Hochantennen von den Dächern wieder verschwinden, weil der Empfang nicht nur störungsfreier, sondern auch keiner Blitzgefahr ausgesetzt ist. Überhaupt ist ein einwandfreies Arbeiten mit Verstärker und Lautsprecher nur mit dem Rahmen denkbar. In wenigen Fällen, wo man Zusatzapparate vermeidet und nur Detektor verwendet, wird die Hochantenne bestehen bleiben.

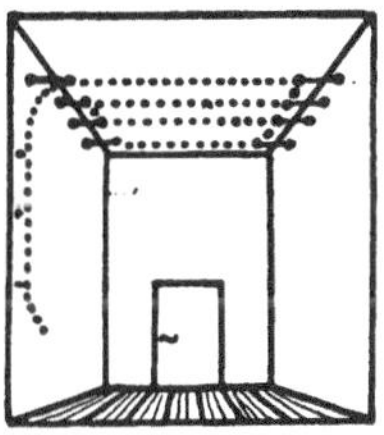

Fig. 106. Zimmer-Antenne.

Unter den Zimmerantennen haben sich die in 20 cm Abstand von Wänden und Decke auf Porzellaneiern ausgespannten Paralleldrähte eingebürgert. Daneben ist ein im Zickzack oder in einer Spirale gespannter Draht von vorzüglicher Wirkung. In günstiger Lage eignen sich sogar die Saiten eines Klaviers oder die Metallfedern einer Bettstelle als Empfangsantenne. Selbst das Lichtleitungsnetz oder Hausklingelanlagen werden vielfach benützt.

Während des Weltkrieges sind in Amerika Versuche gemacht worden, Bäume als Antennen zu gebrauchen. Man hatte einfach einen langen starken Kupfernagel in $^2/_3$ Höhe des Stammes in den Baum geschlagen und daran die Zuleitung zum Empfänger befestigt. Tatsächlich gelang es, Nachrichten von Nauen, Lyon, Paris usw. aufzunehmen. Dabei wurde festgestellt, daß benachbarte Bäume nicht im mindesten stören; denn mitten im Walde zeigte sich die gleiche Lautstärke wie beim einzelnen Baum in der Ebene. Dagegen lieferten nur belaubte Bäume völlig einwandsfreien Empfang, kahle einen weniger guten und abgestorbene gar keinen.

Luftschiffe und Flugzeuge besitzen einen isolierten herabhängenden Draht, der durch ein Bleigewicht gespannt wird und vor der Landung aufgerollt werden kann.

Sind mehrere Drähte wie bei dem Zeppelin R III vorhanden, so befestigt man verschieden schwere Gewichte, um eine fächerartige Ausbreitung zu erlangen.

Schon Marconi stellte fest, daß eine Sendeantenne doppelt so kräftige Schwingungen ausstrahlt, wenn man sie über die Energiequelle mit der Erde verbindet. Je besser diese Erdung ist, um so tiefer rückt der im Verbindungsstück zwischen Antenne und Schwingungserzeuger liegende Strombauch, wodurch die Energiezufuhr die geringste Dämpfung erfährt und die günstigste Strahlung erfolgt. Die vorteilhafteste Ableitung bewirkt das Grundwasser. Deshalb legt man Stationen mit Vorliebe dort an, wo dieses in mäßiger Tiefe erreicht wird. Alle Sendeantennen besitzen daher ein ausgedehntes, meist radial verlaufendes Drahtnetz, das in den Erdboden eingepflügt wird und über die äußerste Peripherie der Luftleitungen hinausragt. Seefahrzeuge benutzen als Ableitung das Eisen des Schiffskörpers, das mit der Wasserfläche in ausgedehnte Berührung kommt und eine vorzügliche Erdung darstellt. Luftschiffe haben als Gegengewicht nur die unter sich verbundenen Metallteile des Gerippes oder der Maschinen nötig.

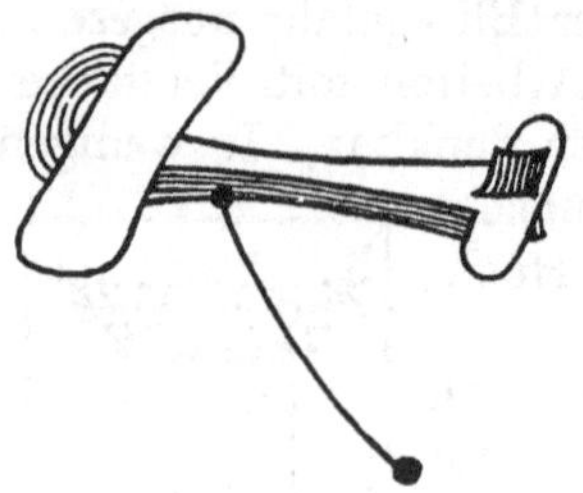

Fig. 107. Flugzeug-Antenne.

Da sich alle Außenluftleiter bei herannahenden Gewittern mit sehr hohen Spannungen aufladen, müssen sie direkt mit der Erde verbunden werden. Das gilt auch für alle Freidrähte der Empfänger. Man führt die Antennenzuleitung an einen Umschalter außerhalb des Fensters, dessen Hebel nach Belieben die Verbindung mit dem Empfänger oder mit der Erde herstellt. Zu diesem Zwecke muß eine mindestens 5 mm starke metallische Außenleitung zum Grundwasser hergestellt werden. Die Antenne ist stets zu erden, wenn die Station nicht arbeitet oder Gewitter heraufziehen. Zur Sicherung der Apparate gegen Blitzschlag während des Empfanges bringt man neben dem Schalthebel eine Funkenstrecke zwischen Antenne und Erde an, die alle Spannungen zur Erde ableitet, wodurch neben der Blitzgefahr auch die atmosphärischen Störungen fortfallen.

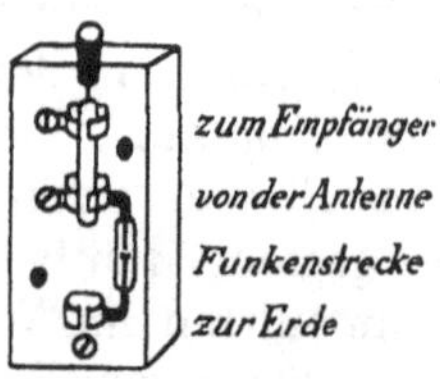

Fig. 108. Antennenschalter.

So wie die Sendeantenne zu allen Zeiten über die Energiequelle geerdet ist, hat auch der Empfangsdraht im Apparat eine Erdableitung nötig, die am besten durch einen 2 mm starken blanken Kupferdraht auf dem kürzesten Wege mit der Wasserleitung hergestellt wird. Auch hier ist es nämlich wichtig, den Schwingungsbauch möglichst an den Fußpunkt der Antenne zu legen, um die günstigste Energiezufuhr und größte Lautstärke zu erhalten.

Die Eigenwelle der Antenne wächst in gleichem Maße, wie ihre Kapazität und Selbstinduktion zunimmt. Die Kapazität ist um so größer, je größer die Fläche ist, welche von der Antenne

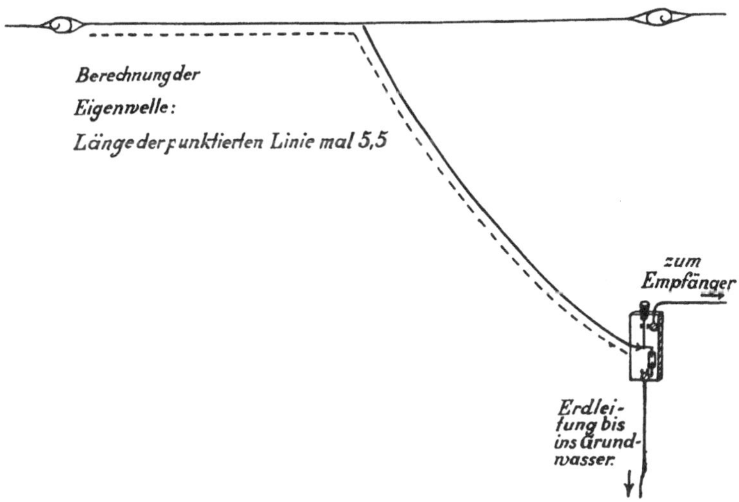

Fig. 109.

überspannt wird und je geringer ihr Abstand von der Erde ist. Die Selbstinduktion wird durch die Länge des senkrechten Zuführungsdrahtes bestimmt. Werden mehrere Drähte benützt, so verkleinert sich die Selbstinduktion.

Ein in die Antenne geschalteter Kondensator verkürzt die Welle, weil er mit der Kapazität der Antenne in Serie hintereinander liegt. Bei der Schaltung von Kondensatoren hatten wir schon erfahren, daß die Gesamtkapazität nach der Formel $C = \frac{C_1 \; C_2}{C_1 + C_2}$ kleiner ist, als die Kapazität der Antenne oder des Kondensators allein. Eine Selbstinduktionsspule dagegen verlängert die Welle. Es ist wichtig, die Eigenwelle zu kennen, da man nur Längen von der Hälfte bis zum 15fachen Wert gut empfangen kann. Bei Antennen bis zu drei Spanndrähten ist die Eigenwelle gleich dem vier- bis fünfeinhalbfachen Betrage der größten Drahtlänge vom Fußpunkt bis zum äußersten Drahtende.

Zur genauen Feststellung dient der im folgenden Abschnitt behandelte Wellen- oder Frequenzmesser.

Die Kenntnis der Antennenkapazität ist ebenfalls wichtig zur Berechnung der Verlängerungsspulen, während die Selbstinduktion bei den kleinen Empfangsdrähten gering ist und vernachlässigt werden kann. Zur Messung der Antennenkapazität erregt man mit dem Summer einen Schwingungskreis, den man mit Antenne und Erde verbindet (schwarz punktiert) und hört an einem abstimmbaren gekoppelten Detektorkreis die größte Lautstärke ab. Danach legt man den gleichen Kreis an einen Drehkondensator (punktiert) und stellt mit diesem wieder den lautesten Ton ein, ohne die Abstimmung im Detektorkreis zu verändern. Von der Gradeinteilung des Kondensators kann man jetzt die Antennenkapazität ablesen.

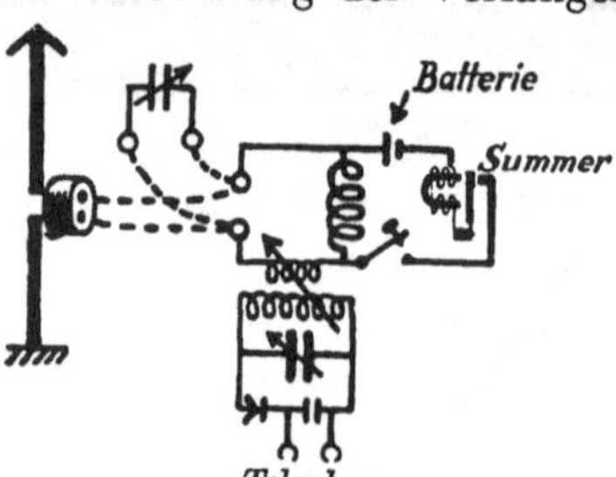

Fig. 110. Messung der Antennenkapazität.

24. Der Wellen- oder Frequenzmesser.

Wir wissen bereits, daß die Bezeichnung Wellenlänge nur eine Hilfsvorstellung ist. Man versteht bekanntlich darunter den Quotienten aus der Geschwindigkeit der Ätherbewegung und der Stoßfrequenz im Sender. Recht einfach gesprochen würden wir also sagen, man teilt den genannten Schnelligkeitswert, welcher gleichbleibend 300000 km beträgt, durch die Frequenz der sekundlichen Stromstöße des Senders und erhält den Begriff Wellenlänge. Wir haben es also mit keiner wirklich sichtbaren Entfernung, sondern nur mit einer Überlegung zu tun, die uns sagt, wie lang eine Welle unter bestimmten Voraussetzungen sein muß. Erfolgen beispielsweise 50000 Stromstöße, so vergeht der 50000. Teil einer Sekunde, bis die ganze Welle ausgebildet ist. Bei einer Sekundengeschwindigkeit von 300000 km muß also ihr Anfang 300000 : 50000 = 6 km vom Sender entfernt sein, wo die Bewegung von neuem beginnt. Wir haben es also nicht mit der Abmessung einer Länge, sondern nur mit der Feststellung des Verhältnisses von Wellengeschwindigkeit und Stoßfrequenz zu tun, wozu wir einen Wellen- oder Frequenzmesser benötigen, der infolge des Mitschwingens oder der Resonanz zur Wirkung kommt.

Das Gerät besteht in der Hauptsache aus einem auf Grund wissenschaftlicher Berechnungen geeichten Drehkondensator, der mit einer dahinter geschalteten auswechselbaren Spule einen Schwingungskreis bildet. Zur Erfassung eines möglichst umfangreichen Wellenbereichs sind verschiedene Spulen not-

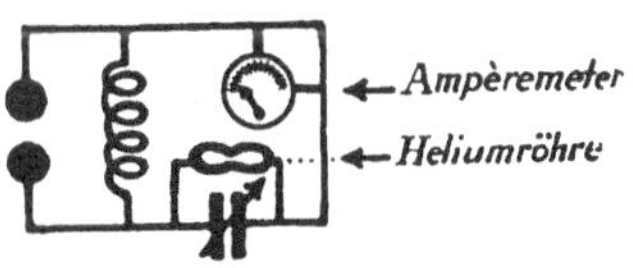

Fig. 111. Wellenmesser.

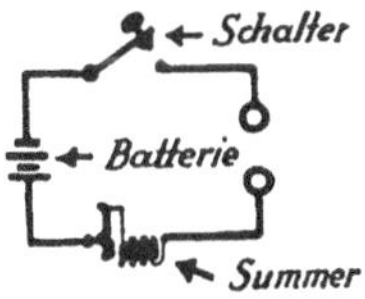

Fig. 112. Erregerkreis.

wendig, so daß die Eichung aus soviel Skalen besteht, als Spulen vorgesehen sind. Der Kondensator ist gewöhnlich mit einem Heliumgasröhrchen überbrückt. Meist befindet sich im Nebenschluß auch noch ein Hitzdraht — Ampèremeter.

Koppelt man die Spule mit einer Drahtschleife der Antennenzuleitung, so wird das Ampèremeter bei einer Drehung des Kondensators an einer bestimmten Stelle den größten Ausschlag zeigen. Der Kreis befindet sich dann in Resonanz mit der ankommenden Energie. Wir können die Welle von der Skala ablesen. Das hellste violette Leuchten des Heliumröhrchens bildet gleichzeitig eine Kontrolle für die Richtigkeit der Einstellung.

Soll die Welle gemessen werden, die von der eigenen Antenne unter den Anstößen des zugehörigen Schwingungserzeugers ausgestrahlt wird, so muß ein Erregerkreis, bestehend aus Selbstunterbrecher, Element und Schalter, angeschlossen werden.

Sobald der Batteriestrom hindurchfließt, wird der Magnet erregt und der federnde Anker angezogen, der Strom aber gleichzeitig unterbrochen, wobei ein Abreißfunken entsteht. Jetzt wiederholt sich dasselbe Wechselspiel zwischen Stromschluß mit Anziehung und Selbstunterbrechung mit Abstoßung des Ankers. Die in den Nebenkreis gelangenden Schwingungen der Abreißfunken laden den Kondensator im Takte der Unterbrechungen leicht auf, während dessen Entladungsströme Stöße gleicher Frequenz darstellen. Koppelt man die Spule des Wellenmessers mit einer Drahtschleife der Antennenzuleitung und einem Detektorkreis, so kann man im Kopfhörer die Resonanz an dem lautesten Ton und dadurch die ausgestrahlte Wellenlänge am Kondensator feststellen.

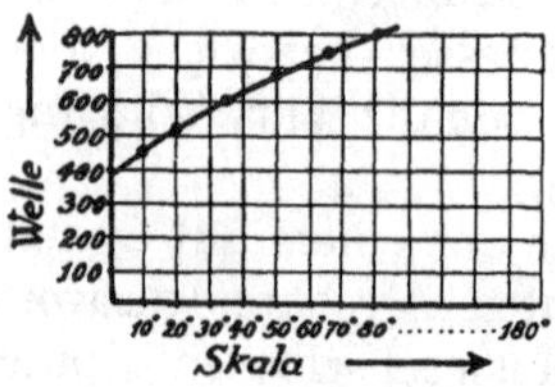

Fig. 113. Eichkurve für Spule 75.

Das Gerät arbeitet demnach als ein sehr schwacher ungedämpfter Sender, bei dessen neueren Konstruktionen auch Röhren verwendet werden.

Wenn kein geeichter Apparat zur Verfügung steht, kann man durch Einstellung des Empfängers auf Stationen mit bekannter Wellenlänge die Eichung selbst vornehmen und die gefundenen Werte auf einer Kurventafel eintragen, indem die horizontale Achse, die Abszisse, die Kondensatorgrade, und die Senkrechte oder Ordinate die Wellenlängeneinteilung erhält. Steht bei Welle 505 der Kondensator auf 20°, so befindet sich der erste Kurvenpunkt senkrecht über 20 in der Höhe von 505. In gleicher Weise werden die Punkte für die anderen erreichbaren Stationen festgestellt; deren Verbindung ergibt die Eichkurve. Für jede verwendete Spulenwindungszahl ist eine gesonderte Kurventafel anzufertigen. Viel einfacher dagegen ist die Eichung eines Wellenmessers mit Hilfe eines geeichten Normalgerätes. Man erregt mit dem Summer

Fig. 114. Ansicht eines Detektorempfängers, der auch als Wellenmesser und Siebkreis zu verwenden ist.

den zu eichenden Wellenmesser, koppelt ihn mit dem Normalgerät und induziert dieses auf einen Detektorkreis, von dem man die größte Lautstärke jeder am Normalgerät eingestellten Welle durch Drehen am Kondensator des zu eichenden Wellenmessers abhört. Die gefundenen Werte der Gradeinteilung werden als Punkte in die Kurventafel eingetragen.

Zum Schluß dieses Abschnittes sei noch eine interessante Schaltung angefügt, die gleichzeitig als Primärdetektorempfänger für kurze und lange Welle, als Wellenmesser und Siebkreis zu verwenden ist.

Für Detektorempfang mit kurzer Welle ist die Antenne an die mittlere Steckbuchse, bei langer Welle an den rechten

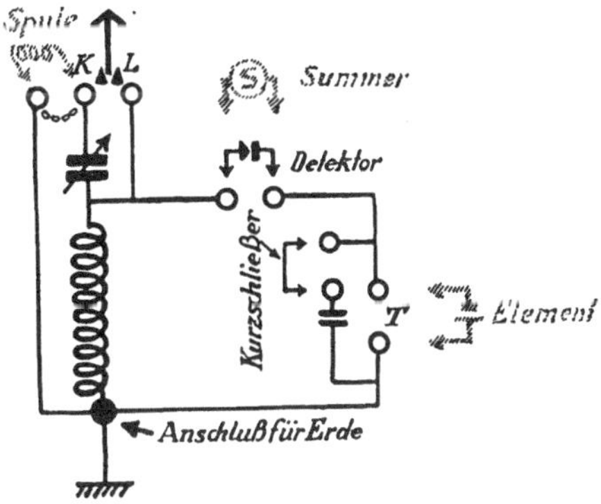

Fig. 115. Kombinierter Detektor, Wellenmesser und Siebkreis.

mit L markierten Anschluß zu legen, während in diesem Falle die beiden anderen kurz zu schließen sind, wie der geringelte Bogen andeutet. Gleichzeitig wird die unterbrochene Leitung des Telephonblocks geschlossen.

Alle zusammengehörigen Steckanschlüsse haben einen Normalabstand von 20 mm.

In der Anwendung als Siebkreis kommt die Schaltung lang in Frage, wobei nur Telephon und Detektor zu entfernen sind.

Die Umstellung als Wellenmesser ist aus der gestrichelten Zeichnung ersichtlich. Jedoch sei ausdrücklich bemerkt, daß beide Kurzschließer jetzt entfernt werden müssen.

Bei der richtigen Auswahl der Größenverhältnisse von Kapazität und Selbstinduktion ist man in der Lage, mit dem Siebkreis alle störenden Wellen vom Empfänger abzusperren. So ist beispielsweise zur Erfassung des deutschen Rundfunk-Wellenbereiches ein Kondensator von 500 cm in Verbindung mit einer Selbstinduktionsspule mit 50 Windungen notwendig. Schlagen Telegraphiesender durch, so hat man nur die störende Welle zu ermitteln und die entsprechenden Größenverhältnisse der Selbstinduktion nach den auf Seite 45 und 46 gegebenen Tabellen zu wählen.

25. Der Duplex-Verkehr.

Jede drahtlose Station konnte mit ihren Antennen entweder senden oder empfangen, aber niemals beides gleichzeitig, weil beim Doppelbetrieb stets der unmittelbar danebenliegende Sender mit seiner starken Energie die schwachen ankommenden Empfangswellen unterdrückte. Die kostspieligen Sendeanlagen mußten daher während der Empfangszeiten nutzlos dastehen. Dieses Arbeiten war sehr wenig wirtschaftlich. Man mußte daher den Duplex-Verkehr, d. h. zu allen Zeiten sowohl senden als empfangen zu können, anstreben. Das wurde erst ermöglicht mit der Einführung der Rahmenantenne.

Bei ihrer Besprechung S. 104 war schon darauf hingewiesen, wie durch Richtungsmöglichkeit störende Wellen ausgeschaltet werden können. So muß auch ein naher starker Sender völlig verstummen, wenn der Empfangsrahmen die ungünstigste Richtung einnimmt, während die schwache Energie des fernen Senders zur vollsten Wirkung gelangt, sofern die Schmalseite des Rahmens in der Richtung der ankommenden Wellen liegt.

Seit 1919 befindet sich die Empfangsstation für den Nauener Großfunksender in dem 30 km entfernten Geltow bei Potsdam, ohne daß eine Beeinträchtigung stattfindet. Die ersten Versuche im Jahre 1917 wurden dagegen 200 km weit bis Naumburg a. S. verlegt. Heute sind außer den Richtantennen die Abstimmschärfen der Empfangsapparate so verbessert, daß man beabsichtigt, mit der Station ganz nahe an Nauen heranzugehen.

Der erste große Rahmen von 40 m Höhe befindet sich längst außer Betrieb und ist durch einen kleinen von 3 m Seitenlänge ersetzt. Selbst mit einem winzigen Rahmen von 20 cm Seitenlänge können die amerikanischen Stationen mit einem Sechsröhrenempfänger gehört werden.

Dieser Duplex-Verkehr gestattet nicht allein ein wirtschaftliches Arbeiten dadurch, daß der Sendedienst ununterbrochen fortlaufen kann, sondern der empfangende Telegraphenbeamte hat die Möglichkeit, die Gegenstation sofort zur Wiederholung eines Wortes, das nicht verstanden ist, aufzufordern. Zu diesem Zwecke hat er nur auf eine Taste zu drücken, die den sendenden Beamten automatisch ausschaltet. Nun kann er selbst das Tastrelais von Nauen betätigen und seine Frage der Gegenstation übermitteln. Erst nach Erledigung des Zwischentelegrammes kann der Beamte in Nauen weiterarbeiten.

Sicherlich werden in Kürze sowohl der sendende Beamte von Nauen als auch der empfangende in Geltow am gleichen Tisch des Haupttelegraphenamtes in Berlin gegenübersitzen, so daß alle Telegramme unmittelbar hier abgehen und ankommen, wie bereits die Sender der staatlichen Hauptfunkstelle Königswusterhausen in Berlin getastet werden, wo auch die Abhörtelephone und Schreibapparate der Empfangsstelle Zehlendorf untergebracht sind, damit die Überleitung von Telegrammen aus dem Draht- in den Funkverkehr und umgekehrt möglichst beschleunigt vor sich gehen kann.

26. Der Seedienst.

In keinem anderen Bereich hat die drahtlose Telegraphie ein so segenbringendes Tätigkeitsgebiet gefunden wie gerade auf dem schiffbefahrenen Weltmeere.

Die Begegnung von zwei Schiffen auf hoher See war noch vor kaum 20 Jahren ein Schauspiel, das selbst in der Nacht zahlreiche Fahrgäste aufs Deck lockte, und ein Erlebnis, welches die Herzen der einsamen Reisenden tief zu bewegen vermochte. Die Unmöglichkeit, von dem Wesen des vorübergleitenden Schiffes etwas zu erfahren, stimmte besonders nachdenklich und traurig. Heute ist das alles anders. Der geheimnisvolle Schleier ist längst gefallen. Stunden, ja ganze Tage vor einer Begegnung wissen die Kapitäne genau, mit wem sie zu tun haben, wer vor, hinter und seitwärts von ihnen fährt, oder welches größere Fahrzeug entgegenkommt.

Die Verbindung wird durch die elektromagnetischen Wellen hergestellt, welche auch bei kleinen Schiffssendern stark genug sind, im Umkreis von vielen hundert Kilometern zur Wirkung zu kommen. So ist ein Schiff, auch wenn es sich inmitten der großen Wasserwüsten befindet, jederzeit in der Lage, über sein Schicksal Auskunft zu geben. Mit Sicherheit erreicht der drahtlose Notruf vom Brande an Bord, vom Zusammenstoß im Nebel mit einem Schiff oder Eisberg nicht nur die Stationen an Land, sondern vor allem die in nächster Nähe befindlichen Fahrzeuge, welche sofort ihren Kurs ändern und dem angegebenen Ort mit stärkster Maschinenkraft zueilen können. Hier findet man die Selbstverständlichkeit der Aufopferung, die Bereitwilligkeit der Aufbürdung von Unbequemlichkeiten für andere, Tugenden, die man sonst in der menschlichen Gesellschaft allzu oft vermißt. Durch internationale Abmachungen auf der funktelegraphischen Konferenz in Berlin im Jahre 1906 wurde der Einfachheit wegen als Notruf das Zeichen s o s = • • • — — — • • • gewählt, dem man der besseren Einprägung wegen die Bedeutung: »save our souls = rettet unsere Seelen« untergeschoben hat.

Es gibt wohl kaum Nachrichten, die so ergreifend zu lesen sind, wie die Rettungsberichte auf Grund drahtloser Notrufe. Im Laderaum des Dampfers Volturno der Holland—Amerika—Linie war mitten auf dem Ozean Feuer ausgebrochen. Am 10. Oktober 1913, morgens $9.^{30}$ Uhr, wurden die ersten Hilferufe hinaustelegraphiert. Bereits um $1.^{45}$ erschien der englische Dampfer »Carmania« an der Unglücksstelle, $5.^{30}$ das deutsche Schiff »Seydlitz« und $9.^{34}$ der Lloyddampfer »Großer Kurfürst«. Während der folgenden Nacht kamen noch sieben Schiffe an, so daß im ganzen zehn große Dampfer für die Rettungshandlung bereit waren. Der erste Funkoffizier auf dem »Großen Kurfürst« hatte sofort die Befehlsleitung in die Hand genommen. Einen anschaulichen Bericht gibt uns der Funkbeamte des Dampfers »Seydlitz« in folgender Weise:

»In der Nacht vom 9. zum 10. Oktober 1913 trat ich um 12 Uhr in der mir zur Zeit unterstellten Funkenstation des Dampfers »Seydlitz« meine Wache an. Es war nur schwacher funktelegraphischer Verkehr im Gang. Ich beschäftigte mich deshalb mit schriftlichen Arbeiten. Da plötzlich, um $9.^{30}$ morgens, ertönt durch die Morgendämmerung das Notsignal, ausgesandt vom englischen Dampfer »Volturno«. Ich meldete dies mit der Stellung des Schiffes zur Kommandobrücke mit der Angabe, daß der Dampfer dringende Hilfe benötige, und schon nach kaum 10 Minuten nimmt unser Schiff Kurs nach der Unfallstelle. Wir befanden uns zur Zeit auf 47,50° Nord und 36,07° West in einer Entfernung von 90 Seemeilen vom Dampfer »Volturno«. Ich meldete dies sofort dem gefährdeten Schiff und erfuhr alsdann, daß durch eine Explosion die Ladung in Brand geraten sei und etwa 700 an Bord befindliche Passagiere elend umkommen müßten, falls nicht schnelle Hilfe einträfe. Den zweiten Telegraphisten postierte ich am Telephon zur Kommandobrücke und ließ jede Einzelheit sofort dorthin melden. Die in meiner Reichweite befindlichen Dampfer »Carmania« und »Großer Kurfürst« haben ebenfalls den Notruf erhalten und eilen dem Unfallort zu. Dem Telegraphisten auf Dampfer »Volturno« melde ich, daß wir mit äußerster Maschinenkraft auf ihn losdampfen und in 6—7 Stunden bei ihm sein werden. Er scheint hierüber sehr beruhigt zu sein, denn nun kann er doch den Passagieren die erste Aussicht auf eine baldige Rettung überbringen.

Um 5 Uhr 30 Minuten nachmittags erreichen wir das brennende Schiff. Dampfer »Carmania« war bereits beim »Volturno« eingetroffen und machte vergebliche Rettungsversuche. Wir setzten sofort ein Boot mit drei Offizieren und Mannschaften aus. Das Wetter ist sehr schlecht, und man glaubt jetzt schon, daß eine Rettung mit Booten unmöglich ist. Es ist wahr! Noch keine 150 m ist das Boot vom Schiff ab, als wir es wieder umkehren sehen. In dem herrschenden Sturm und der hohen See läßt sich das Boot nicht halten. Wenn auch ungern, das Boot muß wieder an Bord geholt werden, und es bleibt uns nichts anderes übrig, als den brennenden Dampfer zu umkreisen und besseres Wetter abzuwarten.

Dampfer »Carmania« hatte inzwischen in einem Umkreis von fünfzehn Meilen den Unfallort nach zwei mit über hundert Passagieren besetzten Booten abgesucht, die der gefährdete Dampfer »Volturno« gleich nach der Explosion ausgesetzt hatte, und die durch die hohe See verschlagen waren. Dampfer »Carmania« kehrte, ohne etwas gesichtet zu haben, zurück. Wahrscheinlich sind die Boote im tobenden Meer gekentert und mit Mann und Maus untergegangen.

Der Dampfer »Großer Kurfürst« traf um 6 Uhr abends ebenfalls an Ort und Stelle ein. Vom »Volturno« ertönten jetzt nur immerfort die Rufe: »Um Himmels willen helft, helft, wir haben noch 550 Passagiere an Bord und werden in kurzer Zeit mit dem Schiff in die Luft fliegen«. Ich melde dem Kapitän das bevorstehende Schicksal dieser armen Leute. Trauriges Kopfschütteln: »Wir können nichts unternehmen bei diesem furchtbaren Wetter«, war die Antwort. Es ist ein schreckliches Gefühl, so nahe am Platz des Elends zu sein und nicht helfen zu können.

Der Telegraphist zeigt trotz seiner gefährlichen Lage eine bewundernswerte Ruhe. In höchster Not setzt »Volturno« ein kleines Boot mit einem Offizier und vier Mann aus, um von einem der umliegenden Dampfer ein Tau herüberzuholen. Der Versuch mißglückt, das Boot kann sich nicht in der See halten. Die Insassen werden vom »Großen Kurfürst« im letzten Augenblick gerettet, das Boot sinkt alsdann sofort. Finstere Nacht ist es inzwischen geworden. Der Bordtelegraphist sitzt noch immer tapfer an seinem nun schon seit Stunden eingeschalteten Notsender. Kurz nach 11 Uhr nachts sendet er die letzten Hilferufe und bittet flehentlich, Boote längsseit zu schicken.

Plötzlich ist der funktelegraphische Verkehr unterbrochen, ein lauter Knall erschallt durch die stille Nacht, Raketen steigen hoch, und im nächsten Augenblick steht das ganze Mittelschiff in hellen Flammen. Der entscheidende Augenblick scheint gekommen zu sein. Wir müssen den armen Menschen helfen. Schnell werden zwei Boote ausgesetzt und hin gehts zum brennenden Wrack. Von Nordwest braust die See heran, die Nacht ist durch Flammen hell erleuchtet. Ein erschütternder Anblick, dabei der Gedanke: an Bord 550 entweder dem Tod durch Feuer oder Ertrinken ausgesetzte Menschen. Inzwischen sind auf die Notsignale auch die Dampfer »Kronland« und »La Touraine« eingetroffen und haben ebenfalls Boote ausgesetzt. Besorgt harren wir der Rückkehr der von uns entsandten Boote. Werden sie je wiederkommen? In banger Erwartung suchen wir mit Ferngläsern das tobende Meer ab. Plötzlich nach $1^1/_2$ Stunden erschallen vor dem Bug unseres Schiffs Warnungsrufe. Es ist eins unserer Boote, geführt von dem zweiten Offizier, vollbeladen mit Überlebenden.

Die Geretteten werden an Bord geholt, und besorgt fragt

man nach dem zweiten Boot. Es ist nicht gesehen worden. Das glücklich angekommene wird zum zweitenmal zur Brandstätte hinausgeschickt, um nach dem zweiten Boot zu sehen. Gottlob kehren sie beide nach einer Stunde zurück. Doch trotz äußerster Anstrengung und Opferwilligkeit ist es ihnen diesmal nicht gelungen, auch nur einen Mann zu retten. Wegen weiterer Verschlechterung des Wetters und wegen der Finsternis muß das Rettungswerk wieder eingestellt werden. 50 Menschen nur konnten in der Nacht durch die Dampfer »Seydlitz«, »Großer Kurfürst« und »Kronland« gerettet werden. Wir haben uns alle in den Gedanken zu finden, daß das Achterdeck des Schiffes, auf dem 500 Menschen dicht zusammengedrängt, ohne jeglichen Schutz dem Unwetter ausgesetzt, dem Tod ins Auge sehen, von den Flammen jeden Augenblick ergriffen werden kann.

Die Zeit geht furchtbar langsam hin, aber das Schicksal scheint ihnen günstig zu sein. Mit Tagesgrauen hat sich das Schiff sehr auf die Seite gelegt, aber es scheint sich noch längere Zeit zu halten. Von Bord aus ertönen markerschütternde Hilferufe. Unsere Boote gehen wieder zu Wasser. Das Wetter ist besser geworden, und alle Schiffe nehmen die Gelegenheit wahr. Das Meer wimmelt von Rettungsbooten, die von nicht weniger als zehn inzwischen an der Unglücksstelle eingetroffenen Dampfern ausgesetzt wurden. Unser erstes Boot, geführt von dem zweiten Offizier, kehrt nach $1^1/_2$ Stunden vollbesetzt mit Frauen und Kindern zurück. Alle werden unter großen Schwierigkeiten an der Bordwand des Schiffs hochgeholt und in Sicherheit gebracht.

Herzzerreißende Szenen spielen sich ab. Nachdem die Geretteten wieder sicheren Boden unter sich fühlen, fallen sie auf die Knie und wollen in dieser Stellung für ihre Rettung danken. Auch dem Hartherzigsten mußte bei diesem Anblick das Auge feucht werden. Alle sind nur sehr dürftig gekleidet, Schuhe haben sie nicht mehr an; eine Frau nennt nur noch ein zerrissenes Hemd ihr eigen, eine andere fällt sogleich nach ihrer Rettung in Starrkrämpfe, eine Mutter schreit nach ihren Kindern im Alter von $1^1/_2$, $4^1/_2$, 9 und $11^1/_2$ Jahren und ihrem Mann; ein Knabe von 4 Jahren ist mutterseelenallein an Bord, drei Schwestern vermissen ihre Mutter mit ihrer vierten Schwester, Mann und Frau sind von ihren drei Kindern im Alter von 7, 6 und $1^1/_2$ Jahren gerissen, eine Frau beweint ihre 6 und 1 Jahre alten Söhne und ein Mädchen von 3 Jahren; ein gerettetes vierjähriges Mädchen hat Vater, Mutter und Bruder verloren, und so fort. Wir haben Elend kennengelernt.

Unser zweites Boot, geführt von dem ersten Offizier, kehrt auch kurz darauf mit überlebenden Männern vollbeladen zurück. Insgesamt haben wir 46 Menschen gerettet. Sofort teile ich allen Dampfern, wie »Großer Kurfürst«, »Czar«, »Minneapolis«, »Kronland«, »Narragansett«, »La Touraine«, »Rappahannock« und »Devonian« die Zahl der von uns Geretteten mit und erhalte die Nachricht, daß das Rettungswerk vollbracht ist und alles, was noch an lebenden Wesen heute morgen an Bord war, sich in Sicherheit befindet. Die anderen Dampfer haben sich heldenmütig an der Rettung beteiligt. Insgesamt wurden 521 Menschenleben gerettet, während 136 Menschen ihr Leben einbüßten; viele durch eigene Schuld, da sie sich in der anfangs ausgebrochenen Panik über Bord stürzten und ertranken. Wenn das Wetter auch nur etwas besser gewesen wäre, so hätten wir sicher alle gerettet.

Um 12 Uhr mittags setzten wir alsdann unseren Weg nach Baltimore fort.

Um das Elend an Bord unseres Schiffes wenigstens etwas zu lindern und klagende Mütter, Frauen und Kinder aus ihrer schmerzlichen Ungewißheit zu reißen, stellte ich bei mehreren Dampfern Nachforschungen nach den Vermißten der von uns Geretteten an. Meine Arbeit war von Erfolg gekrönt. In kürzester Zeit konnte ich feststellen, daß sich die fünf Kinder der einen Mutter an Bord des Dampfers »Devonian« nach Liverpool befänden, der Mann dagegen mit einem andern Mann, dessen Frau wir retteten, vom Dampfer »Großer Kurfürst« aufgenommen worden sei. Die Mutter der von uns geretteten drei Schwestern befand sich mit der vierten Schwester an Bord des Dampfers »Czar« nach Rotterdam. Über die anderen Vermißten konnte ich leider wenig erfahren, da alle Schiffe meldeten, es sei ungeheuer schwer, sich mit den Polen, Russen und dergleichen zu verständigen. Diejenigen, welche ich über den Verbleib ihrer Angehörigen unterrichten konnte, zeigten ihre Dankbarkeit in rührender Weise. Die Wohltätigkeit unserer Passagiere für die Überlebenden ließ auch nichts zu wünschen übrig. In kurzer Zeit hatten sie eine Unmenge aller erdenklichen Kleidungsstücke, die den Geretteten so not taten, gesammelt.

Es war rührend anzusehen, wie selbst unsere armen Zwischendeckler alles an die armen Schiffbrüchigen abgaben, was sie nur eben entbehren konnten. Abends um 11 Uhr, nachdem ich fast 50 Stunden ununterbrochen im Dienst gewesen war, legte ich mich zur Ruhe. Nun geht alles wieder seinen gewohnten Gang.«

Mit dem gleichen Eifer haben auch die Funktelegraphisten auf den andern Schiffen gearbeitet, um einzelnen Familienmitgliedern Nachricht über den Verbleib ihrer Angehörigen zu geben. Das Band, das die drahtlose Telegraphie über alle Schiffe auf dem Weltmeer schlingt, ist niemals deutlicher fühlbar geworden.

Auch beim Untergang des Riesenschiffes »Titanic« infolge Zusammenstoßes mit einem Eisberg am 15. März 1912 verdanken 703 Menschen ihre Lebensrettung der drahtlosen Telegraphie. Bei zahlreichen anderen Unfällen hat sich ihre segenbringende Wirkung ebenfalls gezeigt.

Nicht gering war ihre Bedeutung beim Ausbruch des Weltkrieges. Durch die Warnungen der Funkstation Norddeich konnten viele deutsche Schiffe schleunigst einen neutralen Hafen anlaufen und sich vor der Beschlagnahme bewahren.

Heute gehört es zur Selbstverständlichkeit, daß auch an Bord eines Ozeanschiffes täglich eine Zeitung mit den neuesten Nachrichten aus aller Welt erscheint. Um so verwunderlicher muß uns jetzt die Haltung der Schiffseigner berühren, die sich noch im Jahre 1908 sträubten, Funkapparate aufstellen zu lassen. So sagte Woermann zum gegenwärtigen Staatssekretär Bredow: »Glauben Sie vielleicht, ich habe soviel Geld dafür übrig, daß sich meine Kapitäne auf See gegenseitig »Guten Morgen« sagen können?« Diese Ansicht hat sich jedoch sehr bald geändert. Nach wenigen Jahren waren 470 deutsche Schiffe mit drahtloser Telegraphie ausgerüstet.

27. Die Kreuzpeilung.

Gleich bedeutend für Seeschiffe und Luftfahrzeuge ist die drahtlose Ortsbestimmung durch Kreuzpeilung. Gerade im dichtesten Nebel, wo eine genaue Orientierung besonders wichtig ist, versagen alle optischen Instrumente, während die drahtlosen Wellen unabhängig davon sind.

Die Sicherheit der Überquerung des Ozeans ist nach Ansicht Sachverständiger zum größten Teil eine Wetterfrage. Unsere Wettervorhersagen haben heute schon einen so hohen Grad von Vollkommenheit erlangt, daß es von größter Wichtigkeit ist, heranziehende Stürme und Witterungsumschläge den in Frage kommenden Fahrzeugen rechtzeitig mitzuteilen, was auch nur drahtlos möglich ist, damit sie gegen die drohenden Gefahren wirksame Maßnahmen treffen können. So gelang es dem mutigen Führer Dr. Eckener auf der ersten geglückten Luftfahrt nach Amerika mit dem Zeppelinkreuzer Z. R. III westlich der Bermuda-Inseln dem heranrückenden stürmischen Tiefdruckgebiet nach Norden teilweise auzsuweichen. Zur Durchführung derartiger Kursänderungen ist aber eine genaue Ortsbestimmung unerläßlich. Das grundlegende Werkzeug hierfür ist der von der Telefunken-Gesellschaft gebaute Peilapparat, der aus einer ringförmigen drehbaren Rahmenantenne und einem Empfänger mit Verstärker besteht. Bei der Drehung des Rahmens ist ein deutliches Maximum, d. i. größte Lautstärke, und ein noch vorzüglicher ausgeprägtes Minimum, d. i. geringste Lautstärke des Empfanges wahrzunehmen.

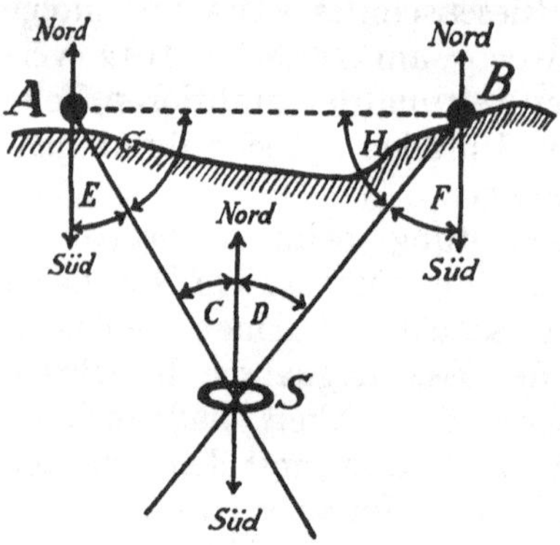

Fig. 116. Drahtlose Ortsbestimmung eines Schiffes.

Die Verbindungslinien des Schiffes mit zwei Landstationen, deren Lage nach der Karte genau bekannt ist, werden nach den ständig gesendeten Zeichen durch Drehung des Rahmens ermittelt. Ein Zeiger läßt ohne weiteres die Größe der Winkel zwischen Verbindungslinien und der Nordsüdrichtung ablesen, die wir C und D nennen wollen. Sind diese aber ermittelt, so ist Winkel C gleich E und D gleich F als Wechselwinkel an geschnittenen Parallelen (Nord-Südrichtungspfeile.). Da der Abstand der beiden Stationen und die Winkel dieser Linie AB mit der Nordsüdrichtung aus der Karte festzustellen sind, so hat man nur nötig, von diesen E, bzw. F abzuziehen, um die Winkel G und H zu erhalten. Dann läßt sich das Dreieck ABS aus einer Seite und den beiden anliegenden Winkeln konstruieren. Der Schnittpunkt der beiden freien Schenkel ergibt den augenblicklichen Standort des Schiffes.

Diese Peilungen sind jedoch nur dann einwandsfrei, wenn die Wellenstrahlung nicht durch Bodenerhebungen, Eisenbahngleise und Drahtleitungen in der Nähe der Landstationen aus ihrer Richtung abgelenkt wird. Jedenfalls werden die Techniker bemüht sein, derartige Störungen durch geeignete Mittel in Zukunft auszuschalten.

28. Das Nauener Zeitsignal.

Eine genaue Zeitangabe ist weniger wichtig für unser wirtschaftliches Leben, als vielmehr für die Schiffahrt auf den großen Weltmeeren. Ein geringer Uhrenfehler von nur einer Minute kann bei der Längenbestimmung des Schiffsortes auf optischem Wege bereits zu einer Abweichung um viele Kilometer von der wahren Lage führen. Auf Fahrzeugen mit Einrichtungen für drahtlose Telegraphie können größere Uhrenfehler überhaupt nicht mehr vorkommen, da nach 12 Stunden immer wieder eine Vergleichung mit der wahren Sonnenzeit möglich ist. Die Korrektur auf Grund des funktelegraphischen Zeitzeichens schließt jede Falschweisung aus; denn das Signal selbst ist aufs genaueste richtig, und zwölf Stunden lang läuft jeder bessere Zeitmesser mit genügender Genauigkeit.

Als im Jahre 1916 die im Besitz der Reichspost befindliche Küstenfunkstelle Norddeich aus militärischen Rücksichten die Ankündigungen einstellte, baten die deutschen Seefahrer dringend um Wiederaufnahme des Zeitdienstes. Seit dem 5. Januar 1917 gibt infolgedessen die Großfunkstation Nauen täglich zwei Zeitmeldungen ab, die heute fast in der ganzen Welt gehört werden können. Sie gelangen durch die Europa-Antenne tönend auf Welle 3100 und ungedämpft mit 18050 m von $12.^{55}$ bis 1 Uhr mitteleuropäischer, also $11.^{55}$ bis 12 Uhr nach Greenwicher Zeit zur Ausstrahlung. Die astronomische Leitung liegt in den Händen der Hamburger Seewarte. Von hier aus erfolgt nur die elektrische Auslösung des Apparates, der nun in der Großstation selbst, und zwar nicht von Menschenhand, sondern automatisch gesteuert wird.

Das Vorsignal hat den Zweck, den Schiffen die scharfe Einstellung ihrer Empfänger zu ermöglichen. Es wird fortgesetzt eine Minute lang von $12.^{55}$ bis $12.^{56}$ das Zeichen v =

···— gegeben. Nach zwanzig Sekunden erfolgt zuerst das allgemeine Anrufzeichen —·—·—, dann das Stationszeichen von Nauen = poz = ·——· ——— ——·· und darauf der Zweck des Sendens, nämlich die Angabe der mittleren Greenwicher Zeit = mgz = —— ——· ——··. Genau $12.^{57}$ ist das Vorsignal beendet.

Während der nun kommenden Zeichen des Hauptsignals ist Gelegenheit vorhanden, die Schiffsuhr fortgesetzt mit der Zeitmeldung zu vergleichen.

In der Minute $12.^{57-58}$ erfolgt zuerst siebenmal das Zeichen x = —··— wobei jeder Strich genau eine Sekunde anhält, während die Punkte das Ende der dazwischenliegenden Sekunden scharf markieren. Das siebente Zeichen ist mit der siebenundzwanzigsten Sekunde beendet. Von der fünfundfünfzigsten Sekunde ab folgt das Zeichen o = ———, dessen dritter Strich mit dem Ende der ganzen Minute zusammenfällt.

$12.^{58-59}$ wird fünfmal n = —· auf jede zehnte Sekunde gegeben, worauf die Minute wieder mit o = ——— abschließt.

$12.^{59-60}$ ertönt an Stelle des eben gehörten n fünfmal in den gleichen Abständen g = ——· und zuletzt wieder o = ———, dessen dritter Strich die volle Minute, also genau 1 Uhr mitteleuropäischer Zeit, bzw. 12 Uhr Greenwicher Zeit angibt.

Genau 1 Uhr 10 Sekunden ist dann auch das Schlußzeichen ·—·—· beendet.

Da die Uhr in Nauen immer nur während der Zeitangabe läuft, sind ihre Teile so gut wie gar keiner Abnutzung unterworfen. Der Auslösestromstoß aus Hamburg betätigt zur angegebenen Zeit einen Elektromagneten, dessen Anker das Pendel in der Zwischenzeit festgehalten hat. Dieses macht nun seine Bewegungen und betätigt eine Kontaktscheibe mit den beschriebenen Signalen. Genau 1 Uhr 14 Sekunden wird das Pendel bereits wieder elektrisch angehalten.

Alle Rundfunksender übertragen das Zeitzeichen von Nauen mit ihren eigenen Wellen, damit es mit jedem Empfänger abgehört werden kann.

29. Die Morseschrift.

Zum Abhören von Telegrammen der Telegraphiesender ist die Beherrschung der Morseschrift unbedingt notwendig.

Das Auswendiglernen der Zeichen wird erleichtert, wenn die Einübung nach folgender Zusammenstellung erfolgt:

1. Nur ein Zeichenelement:

·	= e	—	= t
· ·	= i	— —	= m
· · ·	= s	— — —	= o
· · · ·	= h	— — — —	= ch

2. Beide Elemente, die gegenseitig vertauscht werden:

· —	= a	— ·	= n
· · —	= u	— — ·	= g
· · · —	= v	— — — ·	= ö
· — —	= w	— · ·	= d
· · — —	= ü	— — · ·	= z
· — — —	= j	— · · ·	= b
· — ·	= r	— · —	= k
· · — ·	= f	— — · —	= q
· — · ·	= l	— · — —	= y
· — · —	= à	— · — ·	= c
· — — ·	= p	— · · —	= x

3. Ziffern:

· — — — —	= 1	— · · · ·	= 6
· · — — —	= 2	— — · · ·	= 7
· · · — —	= 3	— — — · ·	= 8
· · · · —	= 4	— — — — ·	= 9
· · · · ·	= 5	— — — — —	= 0

4. Satzzeichen:

· · · · · ·	= Punkt
· — · — · —	= Komma
— · · · —	= Trennung
— · · · · —	= Bindestrich
· · — — · ·	= Fragezeichen
· — · · — ·	= Anführungsstrich
— · — · — ·	= Semikolon
— — — · · ·	= Doppelpunkt

— — — · = Apostroph
— — · · — — = Ausrufungszeichen
— — — — — — = Bruchstrich
— · — — · — = Klammer
· · — — · — = Unterstreichung.

Man tut gut, einen Summer im Takte der Zeichenelemente zu betätigen, wobei zu beachten ist, daß ein Strich gleich der dreifachen Zeitdauer eines Punktes ist. Damit soll also auch gesagt sein, daß man die Schrift durch Abhören lernen muß. Dabei gewöhne man das Ohr von vornherein daran, nicht lange und kurze Töne, also Striche und Punkte, sondern nur zusammenhängende ganze Buchstaben aufzufassen. Jeder von ihnen hat nämlich einen ihm ganz eigentümlichen Klang, dessen Rhytmus durch die Zusammensetzung der Anzahl von kurzen und langen Tönen bestimmt wird. Die Geschwindigkeit der Zeichengebung darf nicht unter ein gewisses Maß hinabsinken, damit der Buchstabe nicht auseinanderfällt, während die Pausen beliebig lang sein können. Es empfiehlt sich, je eine Gruppe von Buchstaben in immer neuer Aufeinanderfolge so lange zu üben, bis sich die charakteristischen Zeichen dem Gehör fest eingeprägt haben. und nicht mehr verwechselt werden. Dieses Ziel ist natürlich nicht in einigen Stunden zu erreichen, sondern nimmt bei täglicher Übung mehrere Wochen in Anspruch. Wer keine Ausdauer besitzt, vergeudet seine Zeit unnötig, doch ein fester Wille führt auch hier sicher zum Erfolg.

30. Die Bedeutung der drahtlosen Telephonie.

Vor kaum zwei Jahren kannte die Mehrzahl des deutschen Volkes die drahtlose Telephonie nur vom Hörensagen.

Der geheimnisvolle Zauber, welcher uns umgibt, wenn in unserem stillen Heim das gespannt lauschende Ohr plötzlich durch den Äther hindurch eine fremde Stimme, die zarten Töne einer Violine oder gar ein ganzes Orchester vernimmt, hat wesentlich dazu beigetragen, daß jung und alt die Beschäftigung mit der drahtlosen Technik in einer an Fanatismus grenzenden Begeisterung aufgenommen hat. Auf diese Weise wurde in kurzer Zeit eine Fülle von technischem Wissen in die breitesten Massen des Volkes hineingetragen. Am 1. Juni

1925 betrug die Zahl der deutschen Empfangsanlagen bereits 834547, wovon allein auf Berlin 348724 entfallen, wobei berücksichtigt werden muß, daß die Hörerschar mindestens drei- bis fünfmal so groß ist. Eine derartige Zusammenfassung aller sonst so weit auseinanderstrebenden Volksschichten zu einer gemeinsamen Bewegung ist allein schon von einer so ungeheuren Bedeutung, daß wir noch gar nicht imstande sind, diese Auswirkungen auch nur entfernt zu übersehen. Man wird nicht fehlgehen, wenn man die Schöpfung der drahtlosen Telephonie mit der Erfindung der Buchdruckerkunst in ihrer ähnlichen kulturellen Bedeutung vergleicht.

Eine weitere Kulturwirkung bringt die drahtlose Telephonie auch durch die Art ihrer Darbietungen hervor. Ein Ohr, das an Musik von Mozart, Beethoven, Wagner und Schubert gewöhnt ist, kann an Gassenliedern keinen Gefallen mehr finden. Glücklicherweise ist man bei der Tonkunst nicht stehengeblieben. Auch das gesprochene Wort der Dichter und Denker übt seine erzieherische Wirkung. Gerade in der jetzigen schweren Zeit der Not bleibt so manches Buch der Mehrzahl unserer deutschen Mitbürger verschlossen. Dafür kann selbst der ermüdet heimgekehrte Arbeiter dem Vortrage lauschen, wodurch ihm Geldausgaben und Mühen erspart bleiben.

Alles, was die Gelehrten auf allen Gebieten der Wissenschaft, Kunst und Volksbildung, der Medizin, Politik und Wirtschaft zu sagen haben, wird hineingebracht in die Familien der Reichen und Armen, in die Zimmer der Alten und Einsamen, in die Hütte im entlegendsten Winkel unseres Vaterlandes, in das Elend der Krankenstuben und in die trostlose Finsternis unserer Erblindeten.

Zur Stunde der drahtlosen Darbietungen schart sich die Familie zusammen, während sonst vielleicht die Abende in zweifelhaften Lokalen oder auf Rummelplätzen verbracht wurden. Ist das allein nicht schon ein Kulturgut von weittragendster Bedeutung, wenn das Familienleben am Feierabend wieder erwacht und besonders auch die Jugend ans Haus gefesselt wird?

Für den Studenten erschließt die drahtlose Vermittlung der Vorlesungen, die im Hause am Schreibtisch und an allen Orten auf Reisen gehört werden können, ein bisher ungeahntes und unbegrenztes Feld von Vorteilen. Das ganze Land, ja, man möchte sagen, die ganze bewohnte Erde wird hierdurch zum auditorium maximum der Universitäten für bestimmte Wissensgebiete, z. B. Nationalökonomie, Jura, Theologie, Sprachen und alle Fakultäten, soweit die persönliche Anschauung nicht in Frage kommt.

Eine große wirtschaftliche Bedeutung erlangt die drahtlose Telephonie durch Verbreitung von Handels- und Marktberichten, so daß im entlegendsten Dorfe am gleichen Tage die Groß- und Kleinhandelspreise zur Kenntnis der Interessenten gelangen.

Auch im Dienste der Kriminalität leistet die Wellentelephonie hervorragendes, wenn bei Kapitalverbrechen im ganzen Reiche und weit darüber hinaus zu gleicher Zeit die Bekanntgabe des Kriminalfalles erfolgen und damit die Fahndung nach dem Täter beginnen kann. Welchen ungeheuren Aufwand an Zeit erfordert dagegen hierfür die Drahttelephonie, ganz abgesehen von der Überlastung der Leitungen. Gewöhnlich hat dann der Täter durch die Verzögerungen bei der Drahtübermittlung einen so großen Vorsprung, daß seine Entdeckung oft zur Unmöglichkeit geworden ist.

Beiläufig erwähnt seien die Bekanntmachungen über Vermißte, Verlust- und Reklamenachrichten, deren Wert unbestreitbar feststeht.

Im Hinblick auf die vorgehend kurz skizzierte hohe kulturelle Bedeutung der drahtlosen Telephonie ist die Reichspostverwaltung bestrebt, die anfangs an strenge Gesetze gebundene Teilnahme allmählich in mildere Bahnen zu lenken, da im Laufe der Zeit durch die unermüdliche Arbeit der Funkvereine ein ungeheures technisches Wissen und Können in weiteste Volkskreise hineingebracht worden ist. Wir beschreiten zielbewußt den Weg vom Zwange in die Freiheit und nicht umgekehrt vom unglaublichsten Chaos zur empfindlichsten Beschränkung, wie er jetzt in Amerika notwendigerweise begangen werden muß. Aus diesem Grunde erfolgte im März 1925 die Freigabe der Niederfrequenzverstärker für alle Teilnehmer ohne Audionversuchserlaubnis. Diese selbst ist am 1. September 1925 auch gefallen. Damit will die Verwaltung aber nicht etwa zum Ausdruck bringen, daß nun eine Aneignung und Erweiterung von funktechnischen Kenntnissen nicht mehr notwendig wäre, vielmehr wird erwartet, daß die Vertiefung des Wissens in Zukunft selbsttätig fortschreitet.

Die Grundlagen für die Funktechnik als Volkswissenschaft sind gelegt. Nun kommt es darauf an, daß sich die Deutschen die Fackel nicht von anderen Völkern aus der Hand reißen lassen. Das geschieht niemals, wenn die Mehrzahl unserer Volksgenossen nicht auf halbem Wege bei der Oberflächlichkeit stehen bleibt, sondern die Kraft aufbringt und keine Anstrengung scheut, um in die Tiefen einzudringen und die süßen Früchte zu ernten; denn auch hier gilt der Grundsatz: »Per aspera ad astra« oder mit den Worten Schillers zu reden:

»Nur dem Ernst, den keine Mühe bleichet,
rauscht der Wahrheit tief versteckter Born.«

Sachregister.

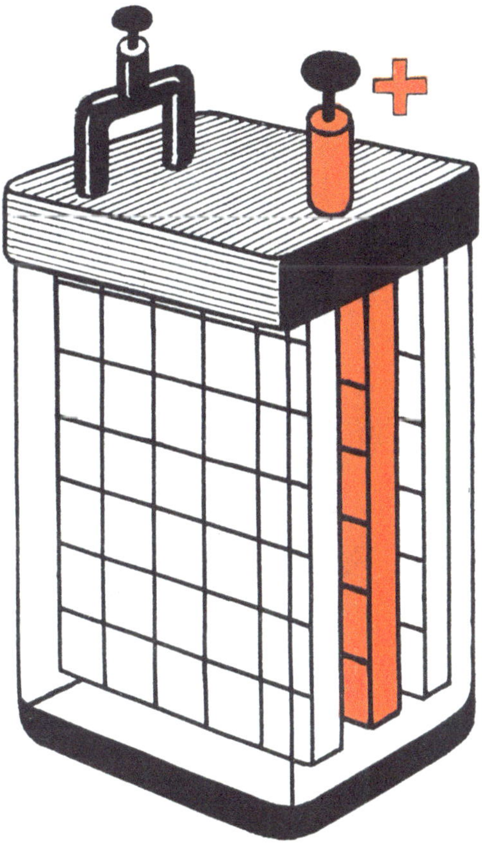

Akkumulatorenzelle.
Eine positive Elektrode (rot) befindet sich immer zwischen zwei negativen Bleiplatten.

TAFEL II.

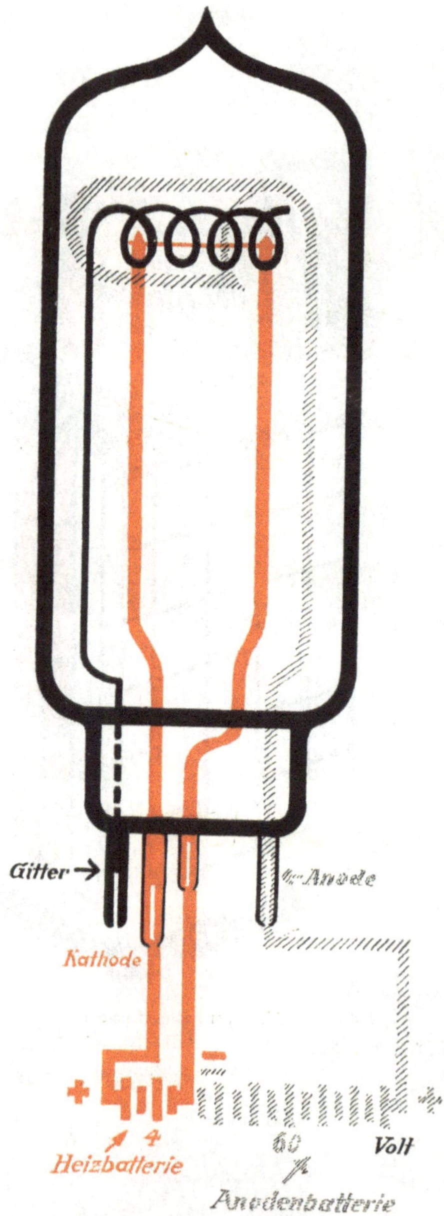

Elektronenröhre.
Heizbatterie und Heizfaden rot.

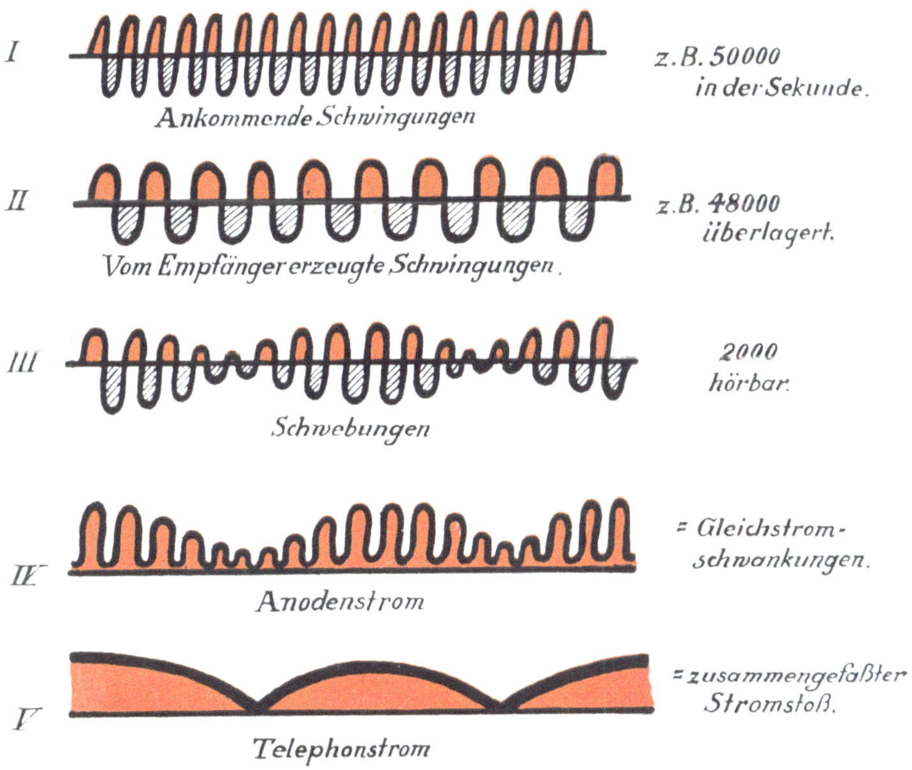

Schwebungsempfang.

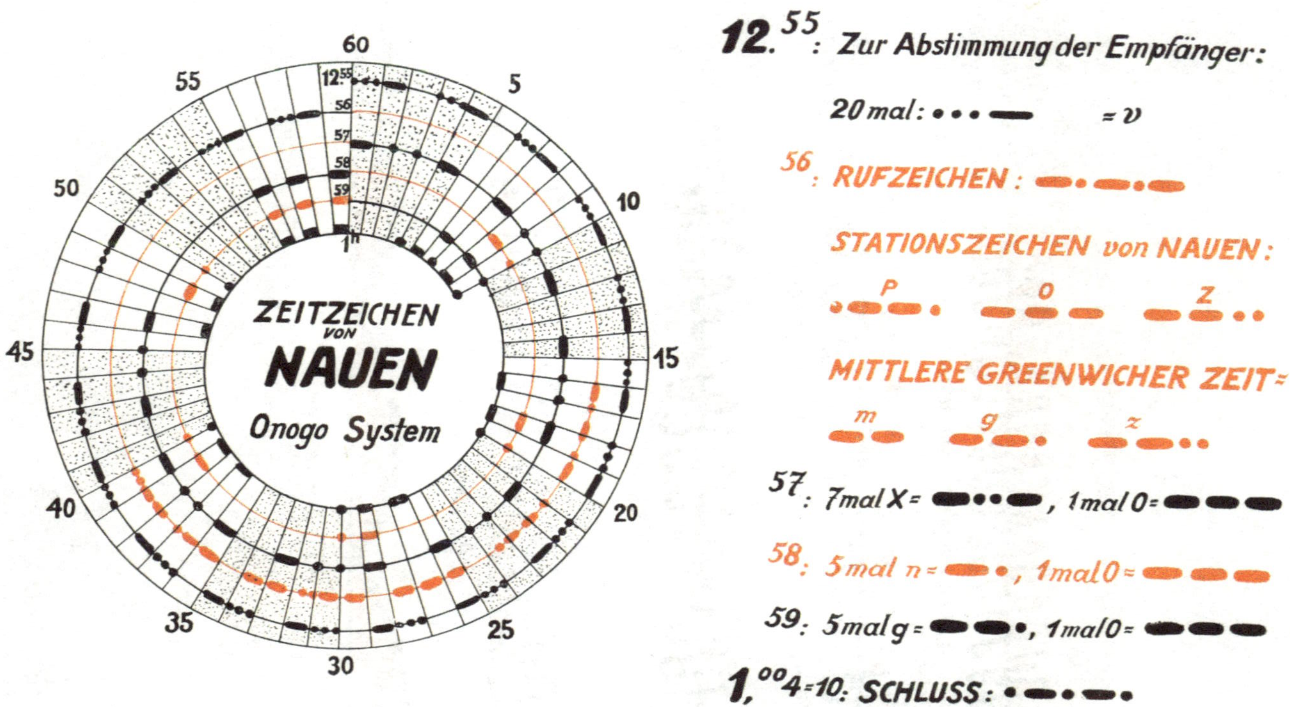

Das Nauener Zeitsignal.

FSC
www.fsc.org
MIX
Papier | Fördert gute Waldnutzung
FSC® C083411

Zeitfracht Medien GmbH
Ferdinand-Jühlke-Straße 7
99095 Erfurt, Deutschland
produktsicherheit@kolibri360.de